■ 航海訓練所シリーズ ■

読んでわかる

機関基礎

2 訂版

独立行政法人 海技教育機構 編著

成山堂書店

はしがき

船舶には、主機関、蒸気ボイラ、発電機、空気清浄機、冷凍装置、空調装置、電気設備、ポンプ、各種の弁、甲板機器等様々な種類の機器が搭載されている。船舶機関士は、これらの機器を正しく運転操作することはもちろん、それぞれが持つ特性を最大限に発揮させるため、日々の運転監視や計画的な解放整備・調整の業務を行っている。

これらのためには、船舶機関士は各機器の構造作動、運転操作の取り扱い並び来歴に関して習熟していなければならない。

本書は、初級船舶機関士として身につけておくべき項目を選択し、それぞれに関して基礎的な内容を中心にまとめ、増刷と改訂を経て、最新の技術に則した内容も含めている。

初級船舶機関士を目指している皆さんには、まずこれらの基礎知識を確固たるものにしていただき、さらなるステップアップの足掛かりにもなることを願っている。 本書が皆さんの基礎知識の習得の一助になれば幸いである。

2023年5月

独立行政法人 海技教育機構

※ 独立行政法人航海訓練所は、2016（平成28）年4月1日の組織統合により、独立行政法人海技教育機構となりました。

2訂版発行にあたって

本書は機関士として機関プラントを理解する上で、最低限習得しておくべき基礎知識を容易に調べることのできるテキストとして、2013年に初版が発行された。

初版以降、改訂版と今回の2訂版において、それぞれ以下の内容の改訂を行った。

2018年発行　改訂版
・「油圧装置」の章を新たに加えた。
・電気推進についての内容を充実させた。

2023年発行　2訂版
・JIS規格について、現状のものに則した表記に変更した。
・冷媒について、最新の規制と使用状況に則した表記に変更した。
・表および図をより明瞭なものへと差し替えを行い、できる限り容易に理解できるよう工夫した。

本書が引き続き船舶機関士を目指し勉強に励む皆さんの基礎知識の習得に役立つことを願っている。

2023年5月

独立行政法人 海技教育機構

目　次

1　基礎知識

1.1　単位の基礎

現在あらゆる物理量を表すために、国際単位（SI単位）が使用されている。

それぞれの物理量は、基本単位（7個）と組立単位から成るSI単位と10の整数乗倍を表すSI接頭語を組み合わせて表わされる。

表 1.1.1　SI基本単位

物理量	長さ	質量	時間	電流	熱力学温度 （絶対温度）	物質量	光度
名　称	メートル	キログラム	秒	アンペア	ケルビン	モル	カンデラ
記　号	m	kg	s	A	K	mol	cd

表 1.1.2　SI接頭語

名　称	マイクロ	ミリ	センチ	ヘクト	キロ	メガ
記　号	μ	m	c	h	k	M
値	10^{-6}	10^{-3}	10^{-2}	10^{2}	10^{3}	10^{6}

表 1.1.3　固有の名称を持つ主なSI組立単位

物理量	名　称	記号	他のSI単位による表示	SI基本単位による表示
周波数・振動数	ヘルツ	Hz		s^{-1}
力	ニュートン	N		$m \cdot kg \cdot s^{-2}$
圧力・応力	パスカル	Pa	N/m^2	$m^{-1} \cdot kg \cdot s^{-2}$
エネルギ・仕事・熱量	ジュール	J	$N \cdot m$	$m^2 \cdot kg \cdot s^{-2}$
仕事率	ワット	W	J/s	$m^2 \cdot kg \cdot s^{-3}$
電気量・電荷	クーロン	C		$s \cdot A$
電圧・起電力・電位差	ボルト	V	W/A	$m^2 \cdot kg \cdot s^{-3} \cdot A^{-1}$
電気容量	ファラッド	F	C/V	$m^{-2} \cdot kg^{-1} \cdot s^4 \cdot A^2$
電気抵抗	オーム	Ω	V/A	$m^2 \cdot kg \cdot s^{-3} \cdot A^{-2}$
磁束	ウェーバ	Wb	$V \cdot s$	$m^2 \cdot kg \cdot s^{-2} \cdot A^{-1}$
セルシウス温度	セルシウス度	℃	K（0 K ＝ − 273.15 ℃）	

1.2　力学の基礎

1.2.1　運動と力

力の大きさを表す単位は、ニュートン〔N〕を用いる。

1Nとは、質量1kgの物体に加速度1 m/s^2（毎秒1mの割合で速度を増す）を生じさせる力の大きさのことである。

1 $kg \cdot m/s^2$ を1Nと表し、これを力の単位とする。重力単位の1kgfは、9.8Nである。

(1)　運動の第1法則（慣性の法則）

「物体に外部から力が作用しなければ、静止している物体は静止状態を続け、運動をしている物体は等速直線運動を続ける」

自動車に乗っているとき、急ブレーキがかかると体が前のめりになり、急に走り出すと背中が座席に押しつけられる。これは、運動している物体は運動の状態を変えずに、いつまでもそのままの状態を保ち続けようとする性質があるからである。

(2)　運動の第2法則

「物体に外部から力が作用すると、速度が変化し、力と同じ方向に加速度が生ずる。加速度の大きさは、力の大きさに比例し、物体の質量に反比例する」

力をF〔N〕、加速度をa〔m/s^2〕、質量をm〔kg〕とすると、次式で表すことができる。

$$F = m \cdot a$$

この式を運動方程式という。

質量m〔kg〕の物体が落下するときの運動を考えてみる。物体には、鉛直下向きの加速度 g を生ずる重力G〔N〕が作用する。よって

$$G = m \cdot g \qquad m = \frac{G}{g} \qquad g\text{：（重力加速度）} = 9.8\,m/s^2$$

(3)　運動の第3法則（作用・反作用の法則）

「物体Aが他の物体Bにある力を作用させると、AはBから必ず大きさが等しく向きが反対の力の作用を受ける」

1.2.2　力とモーメント

力のモーメントとは、物体を回転させようとする力の働きであり、トルクと呼ばれる。その大きさは、作用する力と回転の中心から作用点（力が加わる点）までの距離の積で表わされる。

図1.2.1のようなスパナを使用して、ボルトから0.3mの位置を持ち、スパナに100Nの力を加えたとき、ボルトに加わるトルクは、

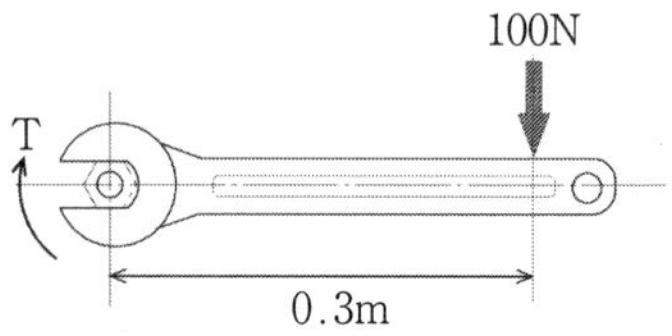

図1.2.1　モーメント

$$トルク（T）= 100\,\mathrm{N} \times 0.3\,\mathrm{m} = 30\,\mathrm{N \cdot m}$$

である。

1.2.3　力のつり合い

(1)　2力のつり合い

図1.2.2のように、質量（10 kg）の物体を力で支えるとき、物体には重力により下方向に98 Nの力が加わる。物体を支えるためには、逆方向に98 Nの力を加える必要がある。（運動の第3法則）

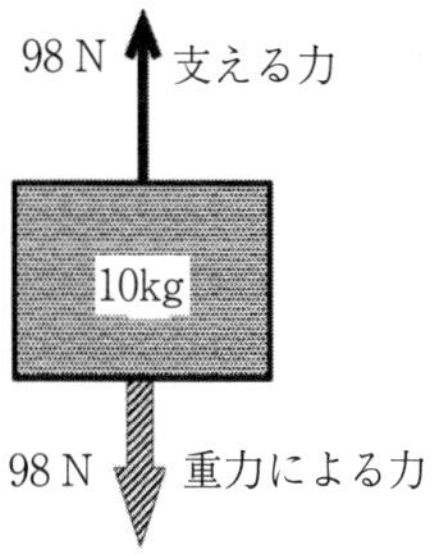

98 N　支える力
10kg
98 N　重力による力

図1.2.2　力のつり合い

(2)　3力のつり合い

図1.2.3のように、質量（10 kg）の物体を二つの力で支えるとき、物体には重力により下方向に98 Nの力が加わっているので、支えるためには、物体に逆方向の力が加わっているはずである。（運動の第3法則）

したがって、それぞれの支える力の合成力は、98 Nとなる。

$$98\,\mathrm{N} \times \cos 60^\circ + 98\,\mathrm{N} \times \cos 60^\circ = 98\,\mathrm{N}$$

$$98\,\mathrm{N} \times 0.5 + 98\,\mathrm{N} \times 0.5 = 98\,\mathrm{N}$$

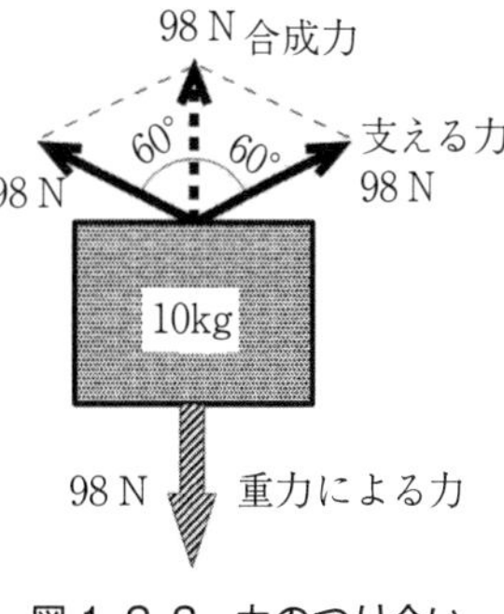

図1.2.3　力のつり合い

(3)　力のモーメントのつり合い

図1.2.4のように、てこ（棒）を利用して、質量（10 kg）の物体を支えるとき、支点を境に左側には49 N·mのモーメントが生ずる。物体を平行に支えるためには、右側に49 N·mのモーメントを加える必要がある。したがって、支点から1.0 m位置で棒を押す力は、49 Nである。

$$98\,\mathrm{N} \times 0.5\,\mathrm{m} = 49\,\mathrm{N} \times 1.0\,\mathrm{m}$$

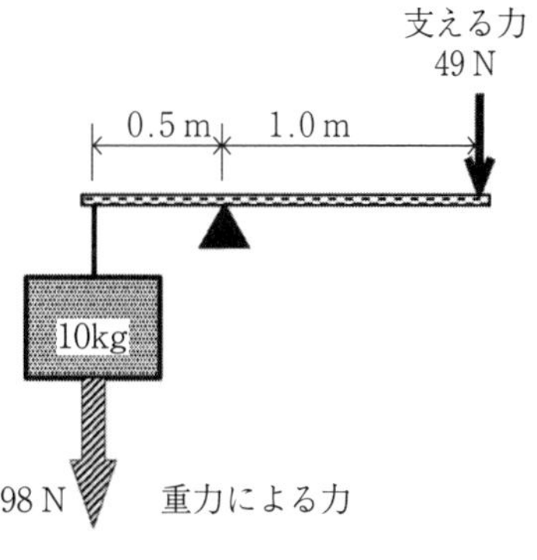

図1.2.4　モーメントのつり合い

1.2.4　仕事と動力

(1)　仕事

物体に力F〔N〕が作用して力の作用線上に距離S〔m〕だけ物体を移動させたとき、力は仕事Aをしたという。

$$A = F \cdot S$$

仕事の単位は〔N·m〕となるが、これにはジュール〔J〕という記号を用いる。

$$A = 1\,\mathrm{N} \times 1\,\mathrm{m} = 1\,\mathrm{N \cdot m} = 1\,\mathrm{J}$$

1 J とは、図1.2.5のように1 N の力で物体を1 m 移動したときの仕事をいう。（移動のための時間は関係ない。）

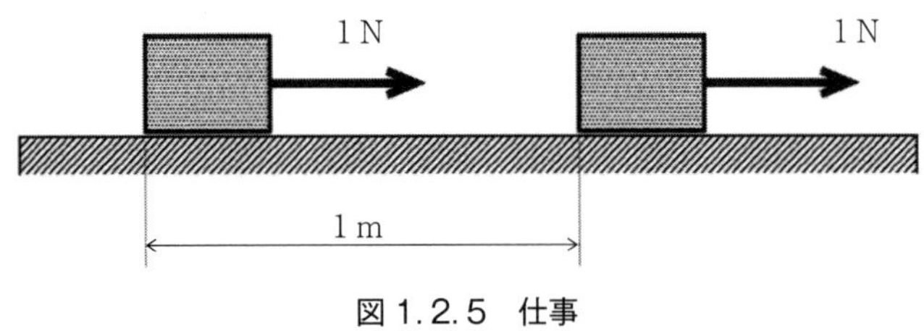

図 1.2.5　仕事

(2)　仕事率（動力）

重さ 200 N の物体を 30 m 引き上げたときの機械の仕事 A は、A ＝ F･S より 200 ×30 ＝ 6000 J になる。これを機械により引き上げるために要した時間が、10 秒であった場合、1 秒間の仕事を比較すると、

$$6000 / 10 = 600 \text{ J/s}$$

となる。

よって、単位時間当たりの仕事の量により、機械の仕事をする能力を知ることができる。

この単位時間にする仕事の割合を仕事率という。

仕事 A〔J〕を時間 t〔s〕でするときの仕事率を P とすれば、次式で表すことができる。

$$P = \frac{A}{t} \quad \text{ここで} A = F \cdot S \text{より} \quad P = \frac{F \cdot S}{t} = F \cdot V \text{〔J／s〕} \qquad V\text{：速度〔m／s〕}$$

1 秒間に 1 J の仕事をするときの仕事率の単位は、ワット〔W〕を用いる。

$$1 \text{ J／s} = 1 \text{ W}$$

1.2.5　エネルギ

(1)　運動エネルギ

運動している物体が他の物体に衝突し、その物体をある距離だけ移動させて停止した。このとき、運動している物体は、他の物体をある距離だけ移動させるという仕事をしたので、エネルギを持っていたことになる。この運動している物体が持っているエネルギを運動エネルギという。

質量 m〔kg〕の物体 A が、速度 V〔m/s〕で直線運動をしているときの運動エネルギ E_k は、次式で表すことができる。

$$E_k = \frac{1}{2} m \cdot V^2$$

エネルギの単位は、仕事の単位と同じで一般に〔J〕が使われる。

(2) 位置エネルギ

高い位置から水が流れ落ちるときの仕事や、伸縮したバネが戻るときの仕事など、物体の位置の違いや形状の変化によって持っているエネルギを位置エネルギという。

質量 m〔kg〕の物体を、基準面から高さ H〔m〕だけ引き上げる仕事は、$m \cdot g \cdot H$（g：重力加速度）である。つまり、高い位置にある物体は、低い位置にある物体よりも大きいエネルギをもっていることになる。

位置エネルギ E_p は次式で表すことができる。

$$E_p = m \cdot g \cdot H \text{〔J〕}$$

1.3 流体力学

1.3.1 流体の特性

(1) 非圧縮性

一般に、気体は圧縮性であり、液体は分子間の力でその距離を保持しているため、非圧縮性である。

流体力学上は、圧縮性があるとその計算処理が複雑になるので、非圧縮性の流体として基本的な公式を決めている。

(2) 密度

物体は質量と体積を有している。同じ質量でも鉄と水と空気ではそれぞれの体積が異なる。質量 m と体積 V の関係を表したのが密度 ρ（ロー）で、次式で表す。

$$\rho = \frac{m}{V} \text{〔kg/ m}^3\text{〕}$$

圧力や温度により体積が変わるものは密度も変化する。液体は非圧縮性なので、密度は圧力が変化してもほとんど変化しない。

水の 4 ℃ における密度は、1000 kg/m³ である。

(3) 粘度（粘性率）

液体には、どろどろ流れるものやさらさら流れるものがある。これを粘性といい、数的に表したものを粘度という。粘度の値が大きいと流動性は悪く（どろどろ）、小さいと流動性がよい（さらさら）という。

粘度には絶対粘度と動粘度があり、一般的に動粘度が使用される。

図 1.3.1 のように、2 枚の平板が厚さ h の油膜を挟んで移動するとき、移動に要する力 F は、油膜に接する面積及び速度に比例し、油膜厚さに反比例し、次式で

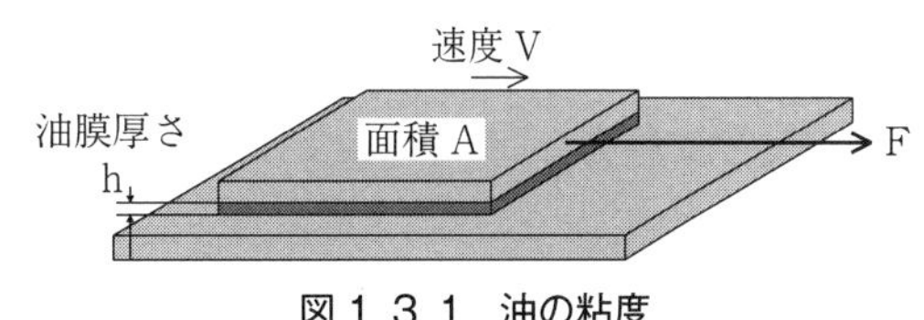

図 1.3.1 油の粘度

表わされる。この係数μ（ミュー）が、絶対粘度を表し、単位としてパスカル秒〔Pa·s〕が使用され、

$$F = \mu \frac{A \cdot V}{h} \qquad \mu：絶対粘度〔Pa \cdot s〕$$

絶対粘度をその流体の密度で割ったものが、動粘度ν（ニュー）である。

$$\nu = \frac{\mu}{\rho} \qquad \nu：動粘度〔m^2/s〕$$

動粘度の単位はSI単位で、〔m^2/s〕であるが、センチストークス〔cSt〕も使用される。

$$1\,cSt = 10^{-2}\,St = 10^{-2}\,cm^2/s = 10^{-6}\,m^2/s$$

1.3.2 流体の静力学

(1) 絶対圧とゲージ圧

流体の圧力を表すには、絶対真空を基準0とした絶対圧が基本であるが、大気圧が常にかかっているので、一般には大気圧を基準0としたゲージ圧が使用される。絶対圧P_0とゲージ圧P_gとの関係は、大気圧を1気圧とした場合、次のようになる（図1.3.2）。

$$P_0 = P_g + 101.3\,kPa$$

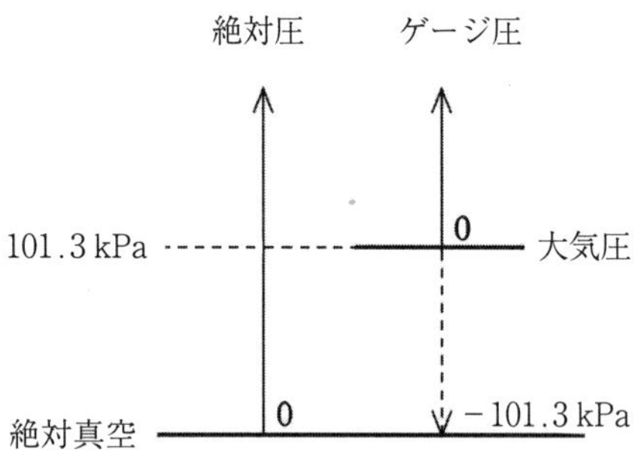

図 1.3.2 絶対圧とゲージ圧

(2) 圧力

図1.3.3に示すような円筒形の容器に液体が入っているとき、底面全体に働く力F〔N〕は、全液体の質量による重力である。円筒形の底面積をA、高さをh、液体の密度をρとすると、Fは次式で表わされる。（m；質量、V；容積、g；重力加速度）

$$F = m \cdot g = \rho \cdot V \cdot g = \rho \cdot A \cdot h \cdot g \qquad 〔N〕$$

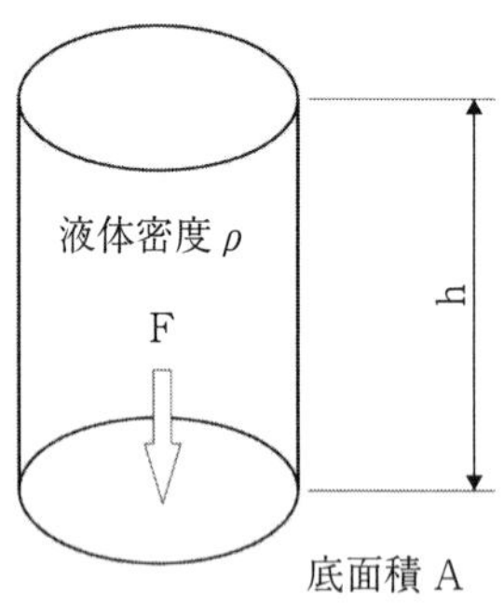

図 1.3.3 底面に働く力

底面に働く圧力Pは、

$$P = F/A = \rho \cdot A \cdot h \cdot g / A = \rho \cdot h \cdot g \qquad 〔Pa〕$$

となる。したがって、ある深さにおける圧力は、その液体の密度ρと深さh及び重力加速度gの積になる。

(3) 側壁面に働く圧力

静止している流体内において、圧力は全方向に均等に働くので、水槽などの側壁面などにも、液面からの距離に比例した圧力がかかる。

全側壁面にかかる平均圧力 P_a は、全深さの半分の距離の圧力であり、全側壁面にかかる力の中心は、液面から全深さの 2/3 のところである。

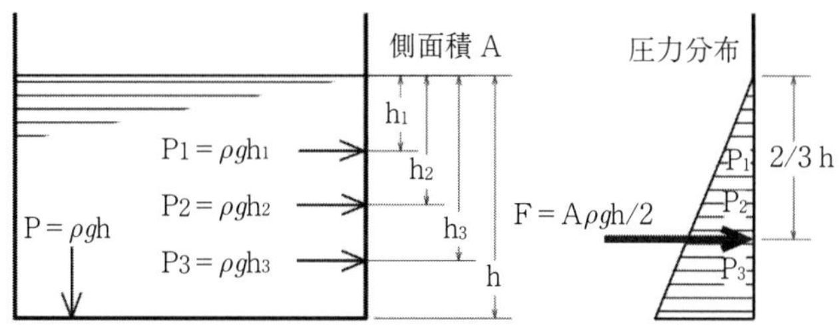

図 1.3.4 側壁面に働く圧力

(4) パスカルの原理

パスカルの原理は、「重力の影響を無視した場合、密閉した容器の中で静止している流体の各部の圧力は、すべての方向に対して等しい」という原理である。

つまり、図 1.3.5 において、ピストン A に F_0 の力を加えたとき、ピストン A に働く液体の圧力を p とすると、容器内すべての部分に加わる圧力は p である。したがって、ピストン B に働く力 F_1 は、

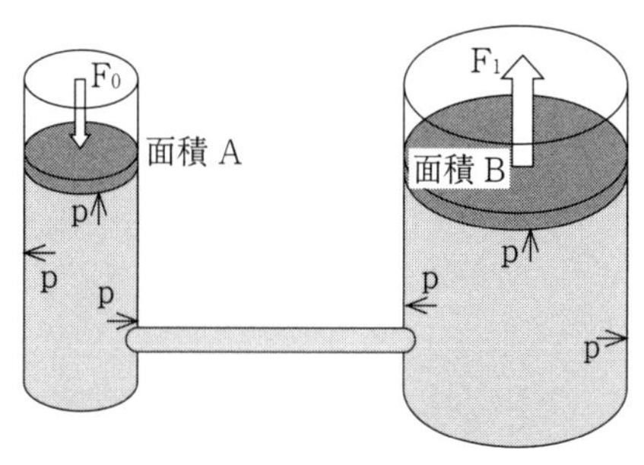

図 1.3.5 パスカルの原理

$$F_1 = B/A \times F_0 \text{〔N〕}$$

である。

1.3.3 流体・連続の法則

(1) エネルギ保存の法則

「独立した物理系がもつ、力学的エネルギ、内部エネルギなどの総和は不変である」というもっとも基本的な法則である。

(2) ベルヌーイの定理（図 1.3.6）

一つの流れに沿って成り立つエネルギ保存の法則がベルヌーイの定理である。

流体のもつエネルギ E には、位置エネルギ E_h、圧力エネルギ E_p、運動エネルギ E_v があり、熱の授受がない限りその総和は変化しない。

流体は連続体であるので、単位質量当りのエネルギ（小文字）で表す。計算式は次のようになる。

$$e = e_h + e_p + e_v = g \cdot h + \frac{p}{\rho} + \frac{v^2}{2} = 一定$$

また、重力当りのエネルギの水頭（ヘッド）で表すと、

$$\frac{v^2}{2g} + h + \frac{p}{\rho \cdot g} = 一定$$

$v^2/2g$：速度水頭　h：位置水頭　$\dfrac{p}{\rho \cdot g}$：圧力水頭

となる。

① 位置エネルギ E_h

重力加速度による相対的エネルギで、基準位置より高さ h〔m〕から質量 m〔kg〕の流体が落下した場合のエネルギ E_h は次のようになる。

$$E_h = m \cdot g \cdot h \text{〔J〕}$$

単位質量当りのエネルギ e_h は、

$$e_h = m \cdot g \cdot h/m = g \cdot h \text{〔J／kg〕}$$

となる。基準位置より高さ h にある流体は、高さに比例した位置エネルギをもっている。

② 圧力エネルギ E_p

圧力 p によるエネルギで、管内の断面積 A の流体に圧力 p がかかったとき、距離 l 動いたとするとそのエネルギ E_p は、

$$E_p = p \cdot A \cdot l \text{〔J〕}$$

となり、質量 m は $\rho \cdot A \cdot l$ なので、単位質量当りのエネルギ e_p は、

$$e_p = \frac{p \cdot A \cdot l}{\rho \cdot A \cdot l} = p/\rho \text{〔J／kg〕}$$

となる。

③ 運動エネルギ E_v

質量 m の物体が速度 v で働いているときのエネルギ E_v は、

$$E_v = m \cdot v^2/2 \text{〔J〕}$$

となり、単位質量当りのエネルギ e_v は、次式のようになる。

$$e_v = \frac{m \cdot v^2}{2m} = v^2/2 \text{〔J／kg〕}$$

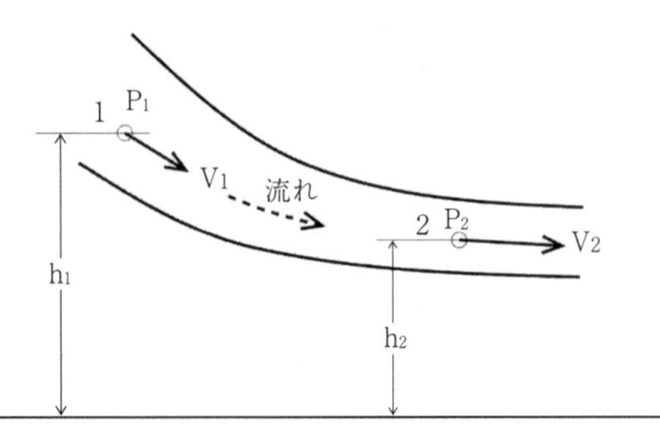

図 1.3.6　エネルギ保存の法則（ベルヌーイの定理）

⑶　圧力と流速

水槽の液面から距離 h〔m〕の側壁に穴をあけると、水が流れ出す。穴への流入速度及び出口における損失を無視できると仮定し、その流出速度に関して、ベルヌーイの定理を適用したものが、トリチェリの定理である。(図 1.3.7)

穴の出入り口で、ベルヌーイの定理が成り立つので、

$$g \cdot h = \frac{v^2}{2} \text{〔m／s〕}$$

したがって、流出速度 v は、

$$v = \sqrt{2g \cdot h} \text{〔m／s〕}$$

となる。

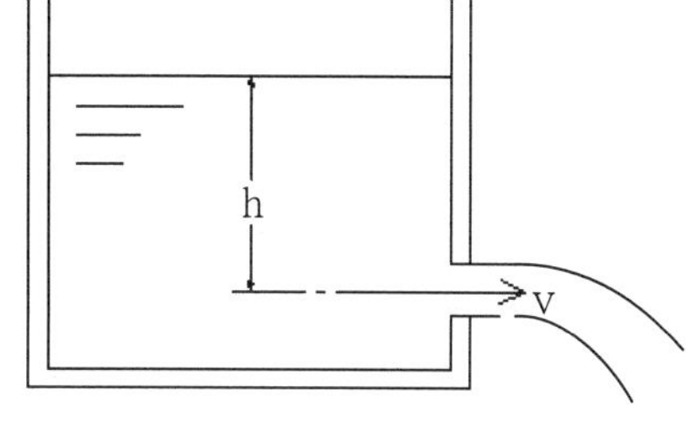

図 1.3.7　トリチェリの定理

1.4　熱力学

1.4.1　熱の基本概念

⑴　熱力学第 0 法則

図 1.4.1 のように温度の異なる物体 A と B を接触させておくと、二つの物体はついには同じ温度になる。このとき、両者は熱平衡になったという。さらに、物体 C と A が熱平衡状態であるとき、物体 B と C は熱平衡にある。このことを熱力学第零法則という。これは温度を決めるときのもとになる考え方であり、物体 C が温度計となる。

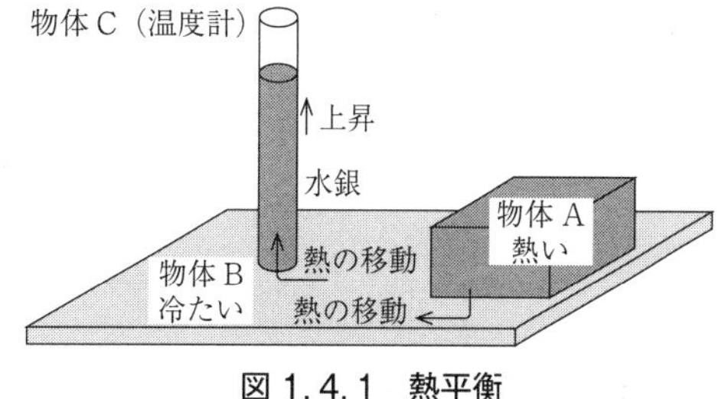

図 1.4.1　熱平衡

⑵　熱力学第 1 法則

仕事の単位ジュール〔J〕と同様に、熱量の単位もジュール〔J〕である。

熱と仕事はどちらもエネルギであり、「閉鎖系の内部エネルギ U の変化は、外部から加えられた熱量と外部に対して行われた仕事の和に等しい。」これを熱力学第 1 法則（エネルギ保存の法則）という。

⑶　熱力学第 2 法則

熱力学第 2 法則は、いろいろな表現がされているが、熱の移動が不可逆であることを説明している。(エントロピ増大の法則)

①　熱は仕事に変換することができるが、熱のすべてを仕事に変えることはできず、必ず無駄になる熱が存在する。

② 熱は高温の物体から低温の物体に移動するが、外部から何らかの操作を行わない限り、低温の物体から高温の物体に戻ることはない。

したがって、熱力学の第2法則は第2種の永久機関「一熱源から熱をとり、それを全部仕事に変え、その他には何ら変化を残さないで継続して働く機関」の実在を否定する法則であると言える。

(4) 比熱（比熱容量）

1kgの物質を1℃上昇させるのに必要な熱量をいう。

比熱には、定圧比熱 c_p と定容比熱 c_v がある。

密閉系の中で物質を加熱すると、物質は膨張できないため容積一定のままで加熱を受けることになり、圧力の上昇とともに温度も上昇する。このときの比熱を定容比熱という。一方、開放系においては圧力が一定のままで加熱されるため、温度と容積が次第に上昇する。このときの比熱を定圧比熱という。定圧のもとで加熱を受けると物質は膨張して外部に膨張仕事をすることになるため、膨張仕事に相当する熱を余分に受けないと温度上昇できない。したがって、定圧比熱 c_p と定容比熱 c_v は次式の関係となる。

$$c_p > c_v$$

(5) 比熱比

定圧比熱 c_p と定容比熱 c_v の比を比熱比 κ（カッパ）という。

$$\kappa = c_p / c_v$$

1.4.2 気体と仕事

ディーゼル機関は、重油などの燃料を燃焼させ、その燃焼ガスが膨張してピストンを移動させることで動力を発生する。

(1) 気体の膨張と仕事

燃焼ガスの膨張は、爆発といわれるように大きな圧力を示す。図1.4.2(a)のように、この圧力でピストンを押し移動させると仕事をすることになる。圧力と体積の関係は図1.4.2(b)のようになる。

仕事（W）＝力 × 移動距離
＝（圧力P × ピストン面積）×L
＝（圧力P）×（ピストン面積 ×L）
＝（圧力P）×（体積変化V）
＝P･V

ここで、圧力：単位面積当りの力〔N/m^2〕　（1Pa（パスカル）＝1N/m^2）

圧力〔N/m^2〕× ピストン面積〔m^2〕＝（ピストン面積にかかる）力〔N〕

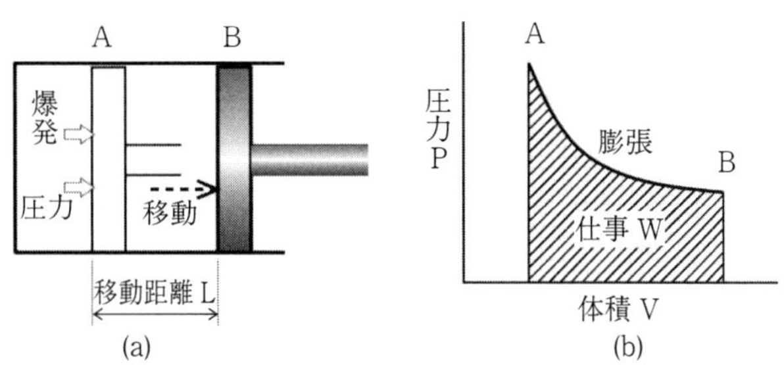

図 1.4.2　気体の膨張による仕事

(2)　ボイル－シャルルの法則

気体には、「一定質量の気体の体積 V は、圧力 P に反比例し、絶対温度 T に比例する」という関係がある。これをボイル－シャルルの法則という。PV/T ＝一定の式で示される。

この定数を気体定数といい、気体定数を R とすると、n〔mol〕の気体では、同温・同圧のとき体積は n 倍になるから、PV ＝ nRT の式が成り立つ。

この法則が完全に成り立つ場合の気体を理想気体という。

標準状態（0 ℃、1 気圧（$1.013\times10^5\,N/m^2$））において、1 mol の気体の体積は、22.4×10^{-3}（22.4 l）であるので、1 mol の気体について上式の R は次式で示される。

$$R=\frac{1.013\times10^5\times22.4\times10^{-3}}{273+0}=8.31\ J/mol\cdot K$$

（K（ケルビン）: 絶対温度）

この PV ＝ nRT の式を気体の状態方程式といい、気体の状態を考えるときに用いる。

(3)　カルノーサイクル

図 1.4.3 にカルノーサイクルの P － V 線図を示す。カルノーサイクルは、フランス人のカルノーが提案した最も熱効率が高く、実際の機関において各種サイクルの基準とされる理想的なサイクルである。

このカルノーサイクルでは、すべての熱を仕事に変える等温受熱膨張や等温放熱圧縮などの等温変化と断熱膨張と断熱圧縮などの断熱変化の組合せによって、一連のサイクルを行って有効な仕事をするものである。

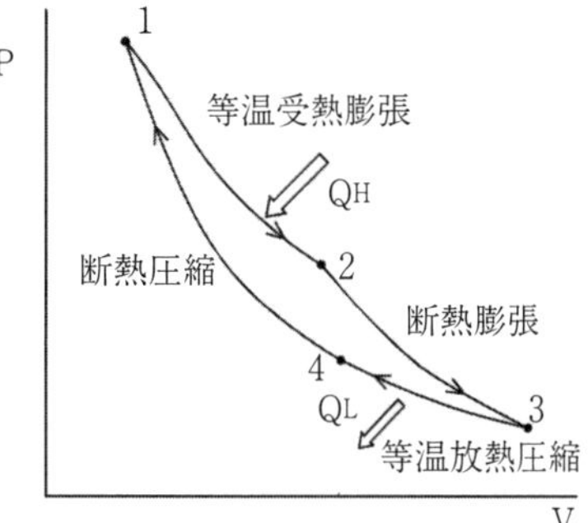

図 1.4.3　カルノーサイクル

熱機関の熱効率は、高熱源から供給された熱量 Q_H に対する有効な仕事 L の割合をいう。熱効率を η、低熱源に捨てる熱量を Q_L、ピストンの断面積を A とすると、熱効率は次式で表すことができる。

$$\eta=\frac{L}{Q_H}=\frac{Q_H-Q_L}{Q_H}$$

したがって、カルノーサイクルの熱効率は、高·低の熱源の温度をそれぞれ T_H、T_L とすると、動作流体の種類に関係なく、次式のとおり絶対温度の大きさのみで表すことができる。

$$\eta = 1 - \frac{Q_L}{Q_H} = 1 - \frac{T_L}{T_H}$$

このことから、カルノーサイクルでは、高熱源の温度と低温部の温度差が大きいほど効率が良いことがわかる。

1.4.3 エンタルピとエントロピ

(1) 内部エネルギ

熱力学第1法則により、熱と機械的仕事は互いに一定の割合で変換され、エネルギの総量は変わらないことから、動作流体は受熱した熱エネルギのうちの一部を仕事に費やし、残りを内部に蓄える。この蓄えられるエネルギを内部エネルギという。

(2) エンタルピ

ディーゼルエンジンにおけるシリンダ内のピストンの働きを例にとる。シリンダ内で燃料が燃焼し、高温のガスがピストンを押し下げて仕事を行う。これは発生した熱エネルギのために内部エネルギが増加し、その大きさに応じて燃焼ガスの温度が上昇するとともにピストンを押し下げて仕事が発生する。すなわち加えられた熱エネルギ ΔQ は、内部エネルギの増加量 ΔU と機械的仕事 ΔW とに変換される。したがって熱力学第1法則より次の等式が成立する。

$$\Delta Q = \Delta U + \Delta W \quad 〔J〕\cdots\cdots(1)$$

微小変化を考慮すれば、$\Delta Q = dQ$、$\Delta U = dU$、$\Delta W = dW$ となり、

$$dQ = dU + dW \quad 〔J〕\cdots\cdots(2)$$

となる。単位質量（たとえば1kgの水やガスの加熱など）について考える場合は、各量は小文字を用いて表す。

$$dq = du + dw \quad 〔J/kg〕\cdots\cdots(3)$$

ここで、動作流体（この場合は燃焼ガス）の行う仕事 dw は、圧力を p、体積を v とすると

$$dw = pdv \quad 〔J/kg〕\cdots\cdots(4)$$

となるため、式（4）を（3）に代入して、

$$dq = du + pdv \quad 〔J/kg〕\cdots\cdots(5)$$

となる。この式は熱力学の第1基礎式である。

次に、物質を加熱するときの加熱の変換量や管路を流れる流体の持つエネルギなどを表わす場合に、エンタルピという物理量を用いる。単位質量1kgについて定義される h を比エンタルピといい、質量が m〔kg〕の場合では全エンタルピとなり、以下のとおりとなる。

1 kgにつき、$h = u + pv$〔J/kg〕・・・・(6)

m kgにつき、$H = U + pV = mh$〔J〕・・・・(7)

すなわち、内部エネルギuと力学的エネルギpvを合わせて比エンタルピとなる。

式（6）を変形すると以下の式が導き出される。

$dq = dh - vdp$　〔J/kg〕・・・・(8)

これは、熱力学の第2基礎式である。

これらの第1基礎式と第2基礎式を用いて、等容、等圧の下での加熱量は次のとおりになる。

○　等容（容積に変化が起こらない場合）では $dv = 0$ のため、加熱量dqは内部エネルギ差に等しくなる。

○　等圧（圧力に変化が起こらない場合）では $dp = 0$ のため、加熱量dqはエンタルピ差に等しくなる。

と言える。

(3)　エントロピの定義

カルノーサイクルを行う熱機関の可逆サイクル機関では次式が成立する。

$$T_2/T_1 = Q_2/Q_1$$

これを変形して、

$$\therefore Q_1/T_1 = Q_2/T_2$$

よって、受熱側 Q_1、T_1 と放熱側 Q_2、T_2 においてどちらも、

Q/T = 一定

という関係が成立している。これは、可逆変化においては動作流体に吸収された熱量と放出された熱量とに対するそれぞれの高温側と低温側の絶対温度との比が一定であることを示している。

この定数を新しい物理量エントロピSとして定義づけた。

$dS = dQ/T$　〔kJ/K〕

である。ここで、温度 T_1 の高温側から温度 T_2 の低温側へ微小な熱量dQが移動するとき、エントロピの状態変化量をみると、高温側では dQ/T_1 だけエントロピが減少し、低温側では dQ/T_2 だけエントロピが増加している。$T_1 > T_2$ から $dQ/T_1 < dQ/T_2$ となり熱の移動により、エントロピは $dQ/T_2 - dQ/T_1$ だけ増加していることがわかる。すなわち、「熱移動が行われると、エントロピは増大する」または「エントロピが増大する方向に熱移動（自然現象）が行われる」という表現で表すことができる。

エントロピの導入により熱力学を学問として発展させ、熱エネルギ変換にきわめて有効なパラメータとして活用できるようになった。その活用法としては以下に挙げられる。

① 熱力学第2法則が数式を用いた表現形式で表せるようになった。

表 1.4.1　力学と熱力学の対比

	エネルギ量	強度性状態量（＊1）	容量性状態量（＊2）	関係式
力学的概念	仕事量 dW	圧力 p	圧力に対応する容積 dV	dW = p·dV
熱力学的概念	熱量 dQ	温度 T	温度に対応するエントロピ dS	dQ = T·dS

＊1：相加性が成り立たない状態量
＊2：相加性が成り立つ状態量
（例）1気圧 1 m^3 の空気と1気圧 1 m^3 の空気を合わせた場合、1気圧 2 m^3 の空気となる。この場合、1気圧のままの圧力は相加性が成り立たない状態量、2 m^3 となる容積は相加性が成り立つ状態量といえる。

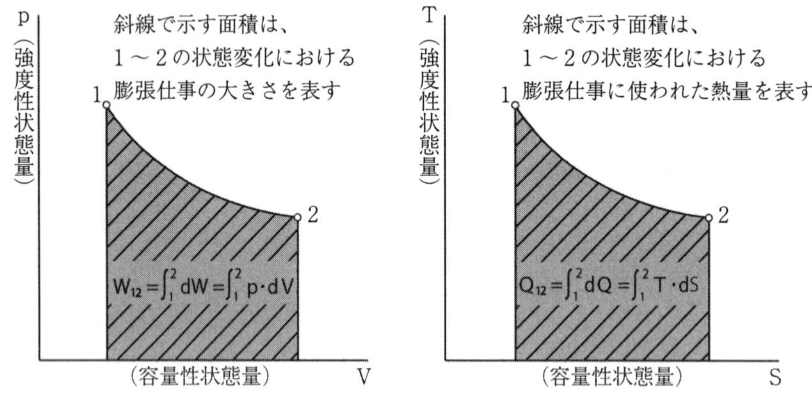

図 1.4.4　膨張仕事の大きさと膨張仕事に使われた熱量

② 加熱量や放熱量の大きさは、状態量であるエントロピを用いて表現できる。表 1.4.1 及び図 1.4.4 に示すとおりエントロピを入れることで、それぞれの項目が対比できており、仕事と熱が同じエネルギであり同一形式で表現できることとなった。

③ エントロピを用いて、断熱変化が図表で明確に表現できる。例えばノズル内を熱流が通過するときや機関のシリンダ内においてピストンが圧縮する場合などは、断熱変化の状態変化である。断熱変化は dQ = 0 であるため dS = 0 となり、これは等エントロピ変化を示している。よってS軸を横軸にした線図では等エントロピ変化をS軸に垂直な直線で表すことができ、断熱変化の解析が明確にできるようになった。

熱量と仕事を関係づけるために内部エネルギを導入して、熱過程に適用されたエネルギ保存及び変換の法則を数式化したものが熱力学第1法則であり、次いで温度と熱量とを関係づけるためにエントロピを導入して、自然における過程の進行の方向性を示したのが熱力学第2法則である。よってこれらをもって熱力学の体系を形成しているといえる。

1.5　材料力学

1.5.1　応力

(1)　応力の種類

応力とは、物体が外力を受けるとき、それによって発生する物体内部の任意の断面における単位面積当たりの力である。応力の種類には、垂直応力とせん断応力がある。(図 1.5.1)

①　垂直応力

任意の断面に垂直な方向に生ずる応力

②　せん断応力

任意の断面に沿う方向に生ずる応力

(2)　荷重の種類と応力

物体が外力を受け平衡状態にあるときは、内力（応力による力）と外力はつり合っている。それぞれの荷重に対して、次の応力が発生する。

①　引張荷重　・・・・垂直応力（引張応力）

②　圧縮荷重　・・・・垂直応力（圧縮応力）

③　せん断荷重・・・・せん断応力

④　曲げ荷重　・・・・垂直応力（引張応力及び圧縮応力）

⑤　ねじり荷重・・・・せん断応力

また、動荷重として、繰返し荷重、衝撃荷重がある。

圧縮応力

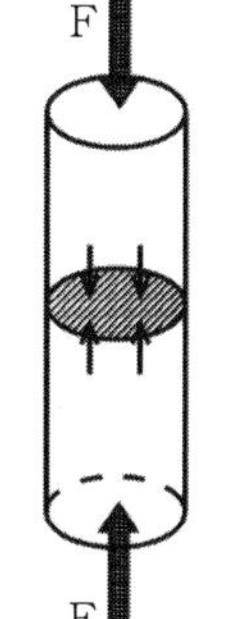

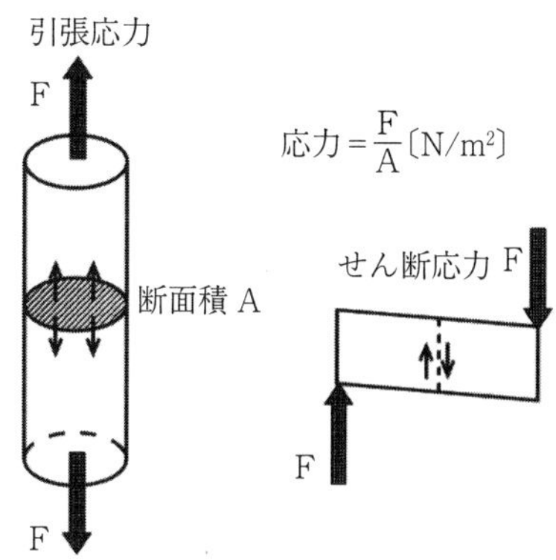

図 1.5.1　応力の種類

1.5.2　応力とひずみ

(1)　弾性変形と塑性変形

物体は、荷重が加わると伸び・縮み・ずれ（ゆがみ）などの変形が生ずる。元の長さに対する変形量の割合がひずみであり、単位長さ（または単位体積）当たりの変形量で表される。ひずみも応力と同様に荷重の種類によって、縦ひずみ（垂直ひずみ）とせん断ひずみに分けられる。

図 1.5.2 に一般的な金属における応力とひずみ（単位長さ当たりの変形量）の関係線図を示す。

ある材料に荷重を徐々に加えていくと、ひずみもそれに応じて増大する。荷重を取り除いたとき、元の状態に戻る変形を弾性変形、荷重を取り除いても元に戻らない変形を塑性変形という。

同図において OA 間が弾性変形、それ以上が塑性変形である。

OA 間においては、弾性体に荷重を加えると、ある範囲では弾性体に加わる応力とひずみは正比例する。この性質をフックの法則といい、次式で表される。この定数を弾性係数（ヤング率）という。

$$\frac{応力}{ひずみ}=一定$$

また、区間BCの部分は、応力が増さないのにひずみだけが増加している。この現象を降伏といい、このときの最大応力（点B）を降伏点という。

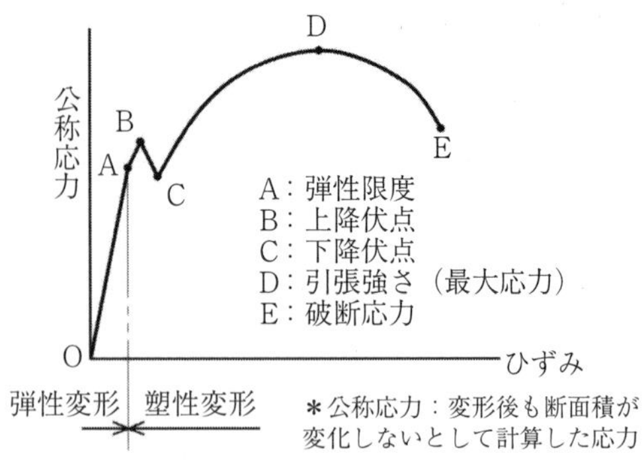

図 1.5.2　応力－ひずみ線図

(2)　縦弾性係数と横弾性係数

垂直応力とその方向のひずみ（縦ひずみ）との比を縦弾性係数といい、せん断応力とその方向のせん断ひずみとの比を横弾性係数という。

縦弾性係数Eは、

$$E=\frac{\sigma}{\varepsilon}\quad〔MPa〕$$

ただし、垂直応力：σ（シグマ）〔MPa〕、縦ひずみ：ε（イプシロン）で表される。

横弾性係数Gは、

$$G=\frac{\tau}{\gamma}\quad〔MPa〕$$

ただし、せん断応力：τ（タウ）〔MPa〕、せん断ひずみ：γ（ガンマ）で表される。

(3)　体積弾性係数

物体の応力によって生ずる体積の変化量ΔV〔mm^3〕と、元の体積V〔mm^3〕との比$\varepsilon_v=\Delta V/V$が体積ひずみである。

いま、弾性体の全表面積に一様な圧力p〔MPa〕が作用したとき、その弾性体に体積ひずみε_vが生じたとすると、体積弾性係数Kは次式で表される。

$$K=\frac{p}{\varepsilon_v}\quad〔MPa〕$$

(4)　ポアソン比とポアソン数

垂直応力の加わった方向と直角な方向のひずみε'を横ひずみといい（図1.5.3）、元の直径をd_0〔mm〕、縦方向に荷重Fを加えたときの直径をd〔mm〕とすると、横ひずみε'は次式で表される。

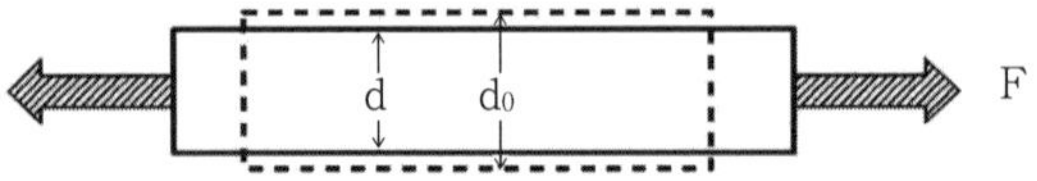

F　d　d_0　F

図 1.5.3　横ひずみ

$$\varepsilon' = \frac{d_0 - d}{d}$$

材料を弾性限度以内で縦方向に荷重を加えると、縦ひずみ ε と横ひずみ ε' は比例する。このときの縦ひずみ ε と横ひずみ ε' との比 ν がポアソン比であり、次式で表される。

$$\nu = \frac{\varepsilon'}{\varepsilon} = \frac{1}{\mathrm{m}}$$

また、ポアソン比の逆数 m がポアソン数である。

1.5.3 熱応力

熱応力とは、「温度変化による物体の自由膨張または収縮がなんらかの原因によって妨げられた場合に生じる応力」のことである。

いま、両端が押さえられていた状態で材料を t_0〔℃〕から t〔℃〕まで温度上昇させた。このとき、この材料の縦弾性係数を E〔MPa〕、線膨張係数を α〔1/℃〕とすると、熱応力 σ は次式で表される。

$$\sigma = \mathrm{E}\cdot\alpha\,(t - t_0) \quad 〔\mathrm{MPa}〕 \qquad (1)$$

式 (1) からもわかるように、熱応力は材料の太さや長さには無関係で、縦弾性係数、線膨張係数及び温度差に比例する。

1.5.4 軸のねじりにかかる力

ねじりモーメントとは、「真直な軸の二つの横断面を相対的に回転させる偶力」であり、トルクともいう。

ねじり応力とは、「ねじりモーメントが作用することにより、軸の横断面に生ずるせん断応力」のことである。

(1) ねじり応力と横弾性係数の関係

図 1.5.4 のように、ねじりモーメントの作用する長さ l〔mm〕の軸の両端面が相対的に回転したときの回転角度（ねじれ角）を θ〔rad〕、軸径を d〔mm〕、横弾性係数を G〔MPa〕とすると、ねじり応力 τ は次式で表される。

$$\tau = \mathrm{G}\cdot\frac{\mathrm{d}\cdot\theta}{2l} \quad 〔\mathrm{MPa}〕 \qquad (1)$$

また、せん断ひずみ γ は、次式で表される。

$$\gamma = \frac{\mathrm{d}\cdot\theta}{2l} \qquad (2)$$

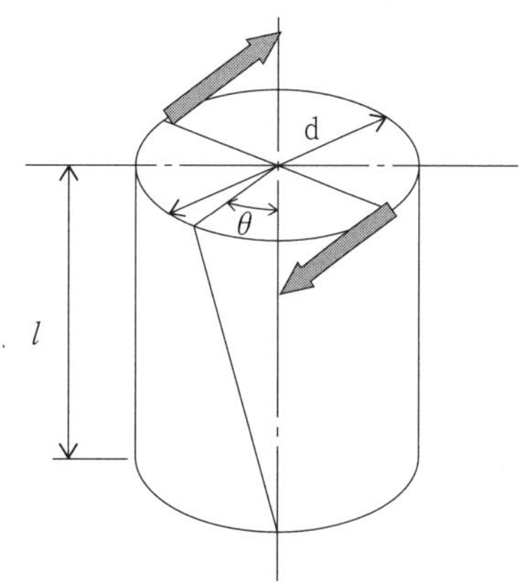

図 1.5.4 軸のねじり

(2)　抵抗ねじりモーメント

軸にねじりモーメントが加わると、軸はねじられたままの状態でつり合う。これは、ねじりモーメントを受けることによって生じたねじり応力によるモーメントが軸に存在するからである。このモーメントを抵抗ねじりモーメントという。また、抵抗ねじりモーメントは、ねじりモーメントと逆向きで大きさが等しい。

1.5.5　材料力学に用いられる用語

(1)　安全率と信頼度

安全率とは、「引張強さや降伏点などのような、材料が破損を起こすぎりぎりの応力（基準強さ）と材料の使用状況における許容応力との比」のことであり、次のような項目を考慮して決められる。

①　外荷重の推定、応力計算の不正確度

②　荷重の種類とその作用状況

③　使用される機械材料の材質に対する信頼度

④　その部品の破壊が、機械の他の部分に及ぼす影響の度合、また人命に対する影響

いま、基準強さをσ_F〔MPa〕、許容応力をσ_a〔MPa〕とすると、安全率Sは次式で表される。

$$S = \frac{\sigma_F}{\sigma_a}$$

また、信頼度とは、「機器または部品が規定の条件で、意図する期間、規定の機能を適正に遂行する確率」のことである。

(2)　基準強さ

基準強さには、部品の受ける荷重状況とその機能により、次の値がとられる。

①　引張強さ

鋳鉄などの材料部品に、引張りの静荷重が加わる場合に用いる。

②　降伏点・耐力

軟鋼やアルミニウム合金などの延性材料部品に、引張りの静荷重が加わる場合、軟鋼のように降伏点の現れるものは降伏点、アルミニウム合金のように降伏点の現れないものは耐力を用いる。

③　疲労限度

繰返し荷重を受ける場合に用いる。

(3)　許容応力

許容応力とは、「構造物や機械要素の設計上で安全に使用しうる限度の応力」である。

(4)　疲労破壊

疲労破壊とは、「材料が繰返し荷重や交番荷重（正負に向きを変える繰返し荷重）を受ける

とき、荷重が小さくても破壊を起こす現象」である。

また、材料がいくら繰返し荷重を受けても破壊しない応力の最大値を疲労限度という。

(5) クリープ

クリープとは、「材料に一定の引張荷重を長時間加えた場合に、時間がたつにつれてしだいにひずみが増加する現象」である。特に高温状態で使用する金属材料はクリープが起きやすいので、クリープを生じさせる応力であるクリープ限度を知っておく必要がある。

1.6 機関用材料

1.6.1 工業材料の種類

工業のさまざまな分野で使われている材料を工業材料といい、その性質から金属材料と非金属材料とに大別される。金属材料は鉄鋼材料と非鉄金属材料とに、非金属材料は無機質のセラミックスと有機質の高分子材料とに分けられる。

工業材料の分類を表 1.6.1 に示す。

表 1.6.1 工業材料の種類

金属材料	鉄鋼材料	炭素鋼、鋳鉄、合金鋼
	非鉄金属材料	純金属、合金
非金属材料	無機材料	セラミックス（セメント、陶磁器、ガラス）
	高分子材料	合成高分子（プラスチック、合成繊維、合成ゴム）
		天然高分子（木、紙、繊維、皮革）

1.6.2 鉄鋼材料

鉄鋼は純鉄と炭素との合金で、炭素含有量から鋼と鉄に区分される。炭素含有量は、鉄鋼の性質に大きく影響を与える。

鋼片から造られる鉄鋼製品を、鉄鋼材料または鋼材という。組成からは鋳鉄、炭素鋼、合金鋼がある。用途からは、鋳物用銑鉄、圧延鋼材、鋳鋼、鍛鋼などに分類される。表 1.6.2 に船舶における鉄鋼材料の主な使用箇所を示す。

表 1.6.2 鉄鋼材料の用途

種　類	記　号（例）	用　途
鋳鉄	FC250	弁
鋳鋼	SC450	高圧弁
一般構造用圧延鋼材	SS540	船体構造物
機械構造用炭素鋼	S40 C	ボルト、ナット、軸
クロムモリブデン鋼	SCM430	歯車
工具鋼	SK5	スパナ、やすり
ステンレス鋼	SUS304	ポンプシャフト、弁スピンドル

各鋼材の規格は、JIS（日本産業規格）で細かく規定されているが、流通段階では生産者による内部規格も使われる。

(1) 鋳鉄と鋳鋼

鋳造に用いられる鉄鋼材料で、炭素を2.14～6.67％含むものを鋳鉄、2.14％未満のものを鋳鋼という。鋳鉄は耐熱性、靱性、溶接性に欠けるが、耐摩耗性、切削性、流動性がよく、収縮率も低く安価なので広く使われている。一方、鋳鋼の炭素は実用上0.2～0.5％で溶接性に優れ、またシリコン、マンガンなどの元素を添加して耐食性、耐熱性を高めて使われる。

① 鋳鉄

鋳鉄（Cast Iron）の炭素量は実用上2～4％で、炭素量が増すと硬く強くなる反面、脆性が出て加工性は落ちるが、融解温度は下がり湯流れがよくなるので鋳造に適している。電気炉などで溶融精製し、けい素、マンガン、りんなどの成分調整をしている点が鋳物用銑鉄と異なる。JIS G5501規格では、最低引張強さ〔N/mm^2〕と組み合わせ、鋳鉄をFC250のように表記している。

② 鋳鋼

鋳鋼（Cast Steel）は、鋳鉄では得られない機械的強度や耐熱性があり、鍛造や圧延では作りにくい複雑な形状のものに使われる。鋳型に溶鋼を注いで固めた後、焼ならしや焼なましの熱処理が加えられる。炭素量が抑えられ溶接性があるので、構造材としても使われる。JIS G5101規格では鋳鉄と同様に、鋳鋼をSC410のように表記している。

(2) 炭素鋼

普通0.03～1.7％の炭素を含む鉄を炭素鋼（Carbon Steel）または単に鋼という。炭素量が多いと硬く脆く、少ないと加工性はよいが柔らかくなる。このように性質は、炭素量に大きく左右される。

① 一般構造用圧延鋼材（Steel Structure）

JIS G3101規格では一般構造用圧延鋼材（Steel Structure）として規定され、その頭文字SSと最低引張強さ〔N/mm^2〕と組み合わせて、SS540のように表記される。

② 機械構造用炭素鋼（Steel Carbon）

JIS G4051規格ではこの頭文字SCの間に炭素含有量（％）の小数点以下の値を入れて表記される。例えば炭素含有量が0.40％前後であればS40Cと表記される。

③ 工具用炭素鋼

多くの場合、耐摩耗用部材として使用される。炭素量によってSK1～SK7で規定され、炭素量が多いほど小さい数字で表わされる。

(3) 合金鋼

炭素鋼に他の元素を添加したものを合金鋼といい、合金元素の添加により強度、耐熱性などの性質が向上し、構造用、工具用、特殊用途などに使われる。マンガン鋼、クロムモリブデン鋼などの成分元素名やステンレス鋼などの用途の名前がついているものがある。

① 構造物に使われる合金鋼

高張力鋼はハイテンともよばれ、一定（490 N/mm^2）以上の引張強さがあり、溶接性がよく安価で、非調質*なものは大型構造物や自動車の軽量化に伴い需要が大きい。低炭素鋼にニッケルを数％添加して、低温での脆性に強いのが低温用鋼で、LNG（液温－162 ℃）容器などの低温圧力用に使用される。機械構造用には、クロム、モリブデン、ニッケルなどを1種または数種添加して靱性を高め、引張強さが1000 N/mm^{2}前後の強靱鋼が使われる。クロム鋼、ニッケルクロム鋼、クロムモリブデン鋼がある。

＊調質：鋼の焼入れ、焼もどし

② 工具に使われる合金鋼

合金工具鋼は炭素工具鋼にクロムやモリブデン、タングステン、バナジウムなどを添加した鋼である。添加する元素の種類と量により切削用、耐衝撃用、冷間金型用、熱間金型用の四つに分類される。

刃先は、高速度で切削加工をしようとすると500 ℃を超える。このときの焼戻し軟化の防止に多量のタングステンまたはモリブデンを添加した工具鋼が高速度工具鋼である。ハイスピードを略してハイスとよばれる。

③ ステンレス鋼

鉄にクロムを12％以上添加したものをステンレス鋼といい、耐食性に優れている。板、管の材料として、建設、機器、車体、台所用品などに広く使われている。「汚れ（stain）ない（less）」から名前がつけられた。

クロムを添加した鋼の表面にはクロムと水分が反応し、目にみえない薄膜（含水酸化物）が形成される。この薄膜は化学的に安定で、この状態を不動態（Passive State）という。仮に表面にきずがついても空気中の酸素と反応し、薄膜は再生されるのでさびない。不動態化はクロムが12％を超えると顕著になり、これ以下のものは耐食鋼とよぶ。

1.6.3 非鉄金属材料

(1) 銅及びその合金

① 銅の性質

銅（Cu）は金、銀、白金といった貴金属に次いで酸化しにくい金属で、耐食性に優れ軟らかく加工性に富み、伝熱性、導電性もよい。銅合金には黄銅、青銅、白銅、洋銀などがある。

銅は化学的には安定であるが、二酸化炭素、二酸化硫黄などを含む湿った空気中で緑青を生じ、海水中でも腐食する。

② 銅合金

i） 黄銅（真鍮）

銅と亜鉛の合金である。

目的に応じて他の金属を添加した合金を特殊黄銅といい、ネーバル黄銅、高力黄銅は鋳造用に使われる。

ii）青銅（ブロンズ）

銅と錫の合金である。

一般的に錫は15％未満である。10％未満のものは特に砲金とよばれ耐食性に優れ、応力腐食にも強いのでバルブや歯車に使われる。

(2) ニッケルおよびその合金

① ニッケル（Ni）

軟らかく展延性に富み、塑性加工しやすい。また、海水やアルカリにも強く耐食性があるので、めっき、貨幣、器具などに使われるが、構造材には使われない。ステンレス鋼、耐熱鋼、マンガニンなどの合金成分としての用途が多い。

② ニッケル合金

ニッケルと銅は溶けやすく固溶体を形成する。ニッケル合金は、加工しやすく機械的性質、耐食性、鋳造性もよい。銅が24％のものは、モネルメタルといわれ、その強い靱性と耐食性からプロペラ、バルブ、蒸気タービン翼に使われ、また銅が50～60％のものは、コンスタンタン（商品名）とよばれ熱電対に使われている。

ニッケルにクロムを20％以下添加したものをニクロムといい耐酸化性が高く、その電気抵抗値は添加したクロムで調節ができることから電熱線に用いられている。

(3) アルミニウムおよびその合金

アルミニウム（Al）は、地殻に最も多く存在する金属資源である。軽く、耐食性、伝熱性、導電性、展延性に優れている。板、棒、管、箔など多様な形状で利用され、窓枠、反射材、工業用タンク、電線、コンデンサなどに使われる。再生効率がよく回収率が高い、アルミニウム金属は、展伸材、鋳造材として多く利用されている。

表1.6.3　非鉄金属材料の船舶での使用例

種　類	用　途	JIS記号
黄銅鋳物	軸受、歯車	CAC 2 ××
青銅鋳物	バルブ、ポンプケーシング、インペラ	CAC 4 ××
りん青銅鋳物	歯車、軸受、ブッシュ	CAC 5 ××
アルミニウム青銅鋳物	プロペラ	CAC 7 ××
ホワイトメタル（錫、アンチモン、銅、鉛の合金）	軸受メタル	WJ ××

＊　××には合金金属による分類を表す数字が入る。

1.6.4　工業材料の試験方法

工業材料は加工方法、使用目的、環境により求められる性質は多様であり、材料試験、熱特性試験、電磁気特性試験などにより、その工業材料の物理的・化学的性質を知ることができる。

(1) 試験項目

① 材料試験…………引張り、圧縮、硬さ、衝撃、疲労、曲げ、被削性

② 熱特性試験………熱伝導度、熱膨張率、耐熱温度、熱たわみ温度

③ 電磁気特性試験…電気伝導度、帯電率、誘電率、耐電圧、透磁率
④ その他の試験……耐食性、耐薬品性、耐候性、衛生試験等

(2) 材料試験

材料に加えて変形や破壊を起こし、機械的な強さなどを知る試験方法で、試験方法や試験片の大きさ、形状などはJISで規定されている。

① 硬さ試験

硬さ試験の種類には、ブリネル硬さ、ビッカース硬さ、ロックウェル硬さ、ショア硬さがあり、硬さ、もろさ、摩耗性がわかる。

② 引張試験

試験片に引張荷重を加えて破断させる。引張強さ、伸び、絞りから強さと加工性がわかる。

③ 衝撃試験

切込みが入った試験片を振り子形ハンマで急激に荷重を加えて破断させる。粘り強さがわかる。

④ 疲労試験

断続的あるいは交互に継続的に荷重を加えて破壊するまで行う。また、試験片に対して荷重の大きさを変えても行う。得られたS–N曲線で、使用に耐えられる疲労限度がわかる。

1.6.5 金属材料の熱処理

金属材料のうち特に鉄鋼は、加熱や加熱後の冷却のしかたで性質を自由に調整、改良できる。これを熱処理という。焼入れ、焼戻し、焼なまし、焼ならしのほかに、表面硬化熱処理や加工熱処理法がある。

(1) 焼入れ

オーステナイト（鉄と炭素の個溶体のうち、比較的高温で析出する相）を急冷することを焼入れ（Quenching）といい、組織は通常の変態をせずに硬いマルテンサイトになる。もろいので、通常はこのままでは使用しない。

(2) 焼戻し

焼入れした組織を変態温度以下に再加熱して冷却するのが焼戻し（Tempering）である。焼入れと対で行う操作である。

① 過共析鋼に低温焼戻し（100 ～ 200 °C）をすると硬さを失わずに残留応力によるひずみを除ける。刃物、ゲージなどに使われる。
② 亜共析鋼に高温焼戻し（400 ～ 550 °C）をすると強さをあまり減少させることなく靱性（伸び、絞り）を高められる。構造用鋼に使われる。焼入れとこの高温焼戻しとの組合せを調質とよぶ。

⑶ 焼なまし

一定温度に加熱保持してから徐冷するのが焼なまし（Annealing）である。

焼き入れ温度から空冷する焼なましを、特に焼ならし（Normalizing）という。過剰加熱や鋳造で粗大化した結晶粒を正常にして鋼を強化する。

⑷ 表面硬化熱処理

熱処理で表面だけ組成や組織の変化を行うことで内部の靱性を保ったまま、耐摩耗性や耐食性を向上させることを表面硬化熱処理という。浸炭、窒化、高周波焼入れなどがある。歯車、軸受、ピストンに使う。

① ガス浸炭

1000 ℃前後に加熱した低炭素鋼に炭化水素ガスを送り込むと、ガスの炭素成分がγ固溶体に浸透し表皮だけが高炭素鋼となる。これを浸炭という。また、浸炭の後、鋼の表面を硬化させるために行う焼入れを肌焼きという。

② 窒化

500 ℃程度の中炭素鋼にアンモニアを送り込むと、表皮に硬い鉄の窒化物ができる。肌焼きが不要で、耐食性も向上する。類似のものに、溶融塩に浸して行う軟窒化がある。

③ 高周波焼入れ

高周波（数十 kHz）の電磁誘導で生じる渦電流は金属の表面に集まる。この電流のジュール熱で表皮だけが加熱される。なお、焼入れ使用周波数と焼入れ深さは逆比例する。

1.6.6 非破壊試験

非破壊検査（Non Destructive Inspection）は、検査対象となる製品を破壊する（傷つける）ことなく、製品の内部、表面、表層などの欠陥や傷の有無、状態を知ることができる。主に溶接部や鋳造品などの検査に用いられる。

また、同一部をいくつかの非破壊試験方法で検査することができる。

内部欠陥や表面の微少欠陥を正確に検出することは本来むずかしく、非破壊試験技術の信頼度が高まってきてはいるが、過信は禁物である。非破壊試験の検査にあたり、非破壊検査技術者による検査の計画、実施、管理を行うことが望ましい。

⑴ 放射線透過試験（RT：Radiographic Testing）

X線、γ線などの放射線は、物体の中を透過するので、一様な強さの放射線を照射すれば欠陥により放射線の吸収に差が生じ、写真フィルムに撮影することができる。このフィルムを現像すると、欠陥部分は黒く、無欠陥部分は白く現れる。この濃度差により欠陥の有無や傷の

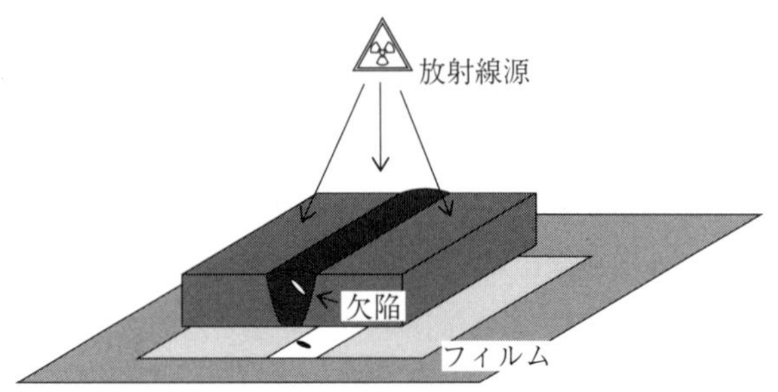

図 1.6.1　放射線透過試験

大きさが決定できる。(図 1.6.1)

(2) 超音波探傷試験 (UT：Ultrasonic Test)

超音波は、波長が短く直進性があり、固体と液体、気体の境界面で反射されやすいので金属内の欠陥検出に適している。主に用いられているのは、500 kHz ～ 10 MHz のパルス反射方式である。特に、探触子と試験材の間には、水、油、グリセリンなどの液体を満たし、超音波を通過しやすくする。(図 1.6.2)

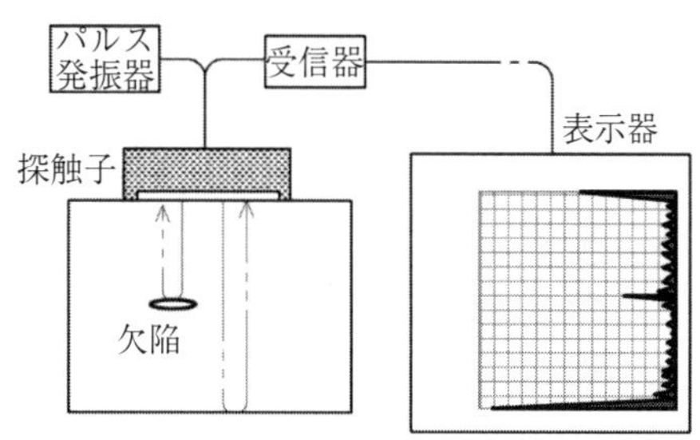

図 1.6.2 超音波探傷試験

18-8 ステンレス鋼 (SUS304；18 %Cr － 8 %Ni) の鋳物と溶接部、大型鋳鋼品などでは探傷が困難な場合がある。

(3) 磁気探傷試験 (MT：Magnetic Particle Testing)

試験材を磁化したとき、表面近くに欠陥が存在すると表面に漏洩磁場が発生する。これを磁粉、あるいはホール素子、マグネチックダイオードなどの感磁素子で検出し、欠陥の位置、形状、大きさの判定をする。表面欠陥の検出法としては、感度がよく、肉眼による直接観察ができ、中でも磁粉を用いる磁粉探傷法は、古くから広く使われている。(図 1.6.3)

オーステナイト系ステンレス鋼のような非磁性体材料には適用できない。

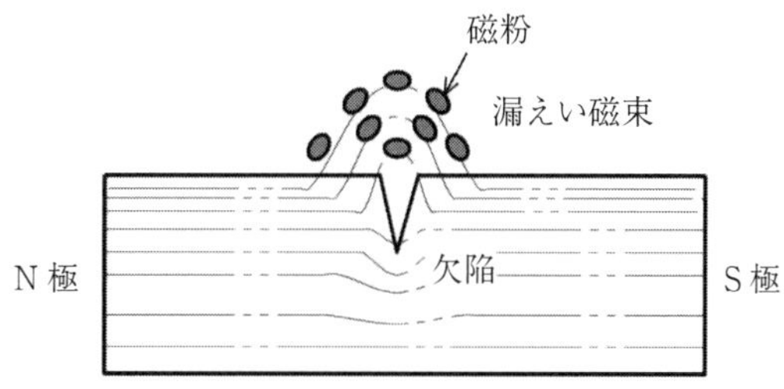

図 1.6.3 磁気探傷試験

(4) 浸透探傷試験 (PT：Penetrate Testing) (ダイチェック)

試験材表面に浸透材を塗布し、毛細管現象を利用して試験材の表面に存在する欠陥を肉眼で見やすい像として検出する方法である。慣習的にカラーチェック (商品名) と呼んでいる。(図 1.6.4)

金属材料に限らず、陶磁器、プラスチックなどの表面の傷も探傷できるが、多孔質材料の探傷は一般的に不向きである。

(5) 電磁誘導探傷試験 (ET：Electromagnetic Testing)

交流を流したコイルを試験材に近づけると、試験材表面の欠陥の存在によってコイルのインピーダンスが変化し検出できる。金属材料のほか、黒鉛など導電性のある材料に適用できる。コイルの形状には、貫通形、プローブ形、内挿形などがある。

欠陥検出のほか、金属の種類、成分の変化、寸法、塗膜、腐食状況の測定にも適用できる。

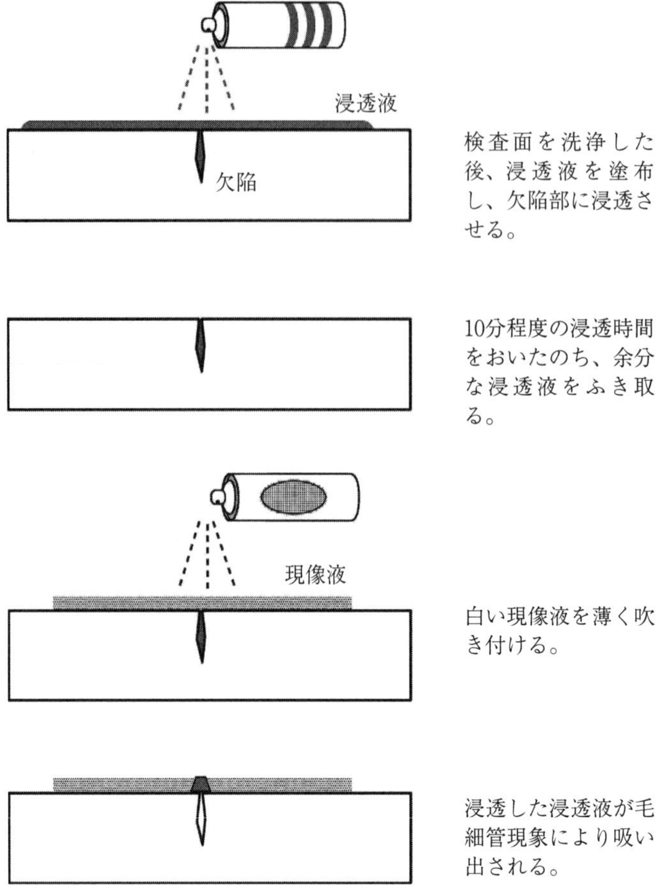
浸透液
欠陥
検査面を洗浄した後、浸透液を塗布し、欠陥部に浸透させる。
10分程度の浸透時間をおいたのち、余分な浸透液をふき取る。
現像液
白い現像液を薄く吹き付ける。
浸透した浸透液が毛細管現象により吸い出される。

図 1.6.4　浸透探傷試験

2　ディーゼル機関

2.1　ディーゼル機関の歴史

内燃機関の開発は18世紀末に始まったが、この頃の燃料は石炭をコークス化する際に発生するガスを使っていた。

1892年、ドイツ人ルドルフ・ディーゼルは多様な燃料を使用できるような機関の実用化を目指し、現在のディーゼル機関の基となる機関の特許を得ている。それから一世紀を経て、改良・進化を続け、ディーゼル機関は現在の熱機関の中で最も熱効率が高く、経済性に優れているところから船用推進装置の原動機として使われている。

2.2　ディーゼル機関（圧縮着火機関）とガソリン機関（火花点火機関）

ディーゼル機関は、空気のみを吸入圧縮し、高温高圧になった空気中に燃料を噴射し、着火燃焼させ、ピストンを往復運動させる機関である。

これに対し、ガソリン機関は、シリンダ内にガソリンと空気の混合気を吸入し、圧縮されたその混合気に電気プラグなどにより火花点火して燃焼させるものである。

2.3　ディーゼル機関の基本熱サイクル

熱機関のサイクルにおいて最も熱効率の良いものはカルノーサイクル（1.4.2参照）である。このサイクルは実現不可能であるが、実際の熱機関が行うサイクルと比較する理想の機関として重要である。

内燃機関のサイクルとして用いられている代表的なものは、オットーサイクル（等容サイクル）、ディーゼルサイクル（等圧サイクル）、サバテサイクル（複合サイクル又は等容等圧サイクル）である。

実用サイクルの本質を知るために、実際の動作流体である燃焼ガスではなく、大気圧・大気温度における空気の比熱及び密度を持った理想空気（理想気体）を動作流体とした空気標準サイクル（Air Standard Cycle）を考える。

2.3.1　オットーサイクル（等容サイクル）

ガソリン機関やガス機関などの火花点火機関の理論サイクルで、二つの断熱変化と二つの等容変化より成り立っている。燃焼が瞬間的に行われるため、ピストンが上死点に達したままの一定容積の状態で受熱が行われる。このことから等容サイクルと呼ばれる。

このサイクルのP-V線図を図2.3.1に示す。等容サイクルの理論熱効率を導くと、等容変化での受熱がQ_1であることから、定容比熱c_vを一定として、

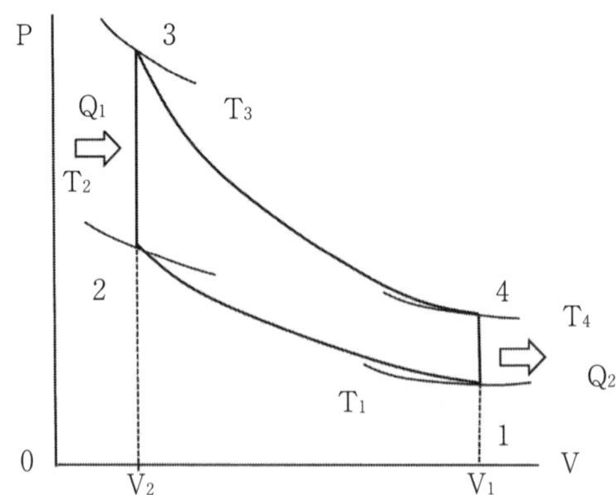

図 2.3.1　内燃機関の理論サイクル（等容サイクル）

$$Q_1 = c_v (T_3 - T_2) \tag{1}$$

また、低温熱源への放熱 Q_2 についても等容変化であることから、熱量の符号に注意して、

$$-Q_2 = c_v (T_1 - T_4)$$

$$\therefore Q_2 = c_v (T_4 - T_1) \tag{2}$$

となる。したがって等容サイクルの理論熱効率 η_0 は次の式で表される。

$$\eta_0 = 1 - \left(\frac{Q_2}{Q_1}\right) = 1 - \left(\frac{T_4 - T_1}{T_3 - T_2}\right) \tag{3}$$

さらに、二つの断熱変化について、比熱 κ を用いれば次の関係が成り立つ。

$$\frac{T_1}{T_2} = \left(\frac{V_2}{V_1}\right)^{\kappa-1} \tag{4}$$

$$\frac{T_4}{T_3} = \left(\frac{V_3}{V_4}\right)^{\kappa-1} \tag{5}$$

ここで、再び等容変化の状態点 $V_2 = V_3$、$V_4 = V_1$ を利用して式(4)、(5)を書き換えると、

$$\frac{T_1}{T_2} = \frac{T_4}{T_3} \tag{6}$$

これに加比の理を用いること、及び $T_4 > T_1$、$T_3 > T_2$ より、式(6)は、

$$\frac{T_1}{T_2} = \frac{T_4}{T_3} = \left(\frac{T_4 - T_1}{T_3 - T_2}\right) \tag{7}$$

したがって、

$$\left(\frac{T_4 - T_1}{T_3 - T_2}\right) = \frac{T_1}{T_2} = \left(\frac{V_2}{V_1}\right)^{\kappa-1}$$

といえる。ここで、圧縮比 $v1/v2 = \varepsilon$ とすると、等容サイクルの理論熱効率 η_0 は次のようになる。

$$\eta_0 = 1 - \frac{T_1}{T_2} = 1 - \frac{T_4}{T_3} = 1 - \left(\frac{V_2}{V_1}\right)^{\kappa-1} = 1 - \left(\frac{1}{\varepsilon^{\kappa-1}}\right) \tag{8}$$

式(8)からわかるとおり等容サイクルの理論熱効率は、比熱比 κ が一定とすれば、圧縮比 ε を大きくするほど上がることがわかる。しかし、圧縮比をある限度以上に大きくするとノッキングを起こし、正常な運転は不可能になる。

2.3.2　ディーゼルサイクル（等圧サイクル）

動作流体（空気）をシリンダ内に密閉し断熱圧縮すると、高温・高圧の状態になる。ここに、燃料油を燃料噴射弁から細かい霧状にして噴射すると、自然着火し、燃焼ガスの膨張により容積を増しながら、つまり一定圧力の下で燃焼が行われる。このように、受熱時に動作流体が等圧変化することから等圧サイクルと呼ばれる。また、ディーゼル機関の基本サイクルであることから、ディーゼルサイクルとも呼ばれる。現在の低速ディーゼル機関では、ほぼこの等圧サイクルが実現されている。このサイクルのP-V 線図を図2.3.2に示す。

また、高速ディーゼル機関では等圧の下での燃焼は難しく、後述するサバテサイクル（複合サイクル）が基本サイクルになる。

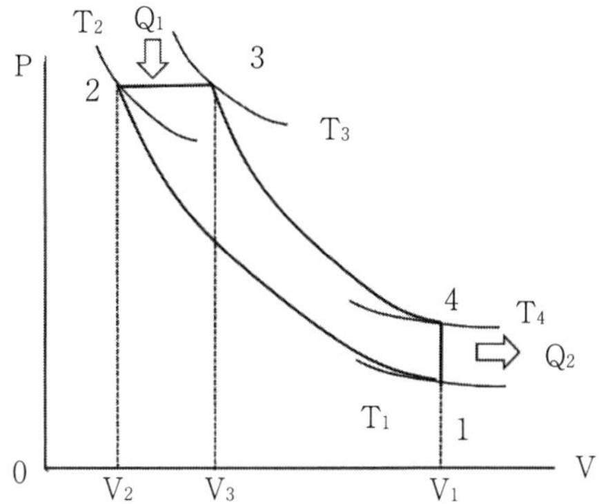

図2.3.2　内燃機関の理論サイクル（等圧サイクル）

等圧サイクルにおける理論熱効率 η_D を求めてみる。等圧変化2→3において、定圧比熱 c_p が一定とすると、受熱量 Q_1 は、

$$Q_1 = c_p\ (T_3 - T_2) \tag{9}$$

同様に、等容変化4→1において、比熱 c_v が一定とすると、放熱量 Q_2 はサイクルから出て行く熱量であるから、マイナスの符号をつけて、

$$-Q_2 = c_v\ (T_1 - T_4)$$

$$\therefore Q_2 = c_v\ (T_4 - T_1) \tag{10}$$

これより、理論熱効率 η_D は、

$$\eta_D = 1 - \left(\frac{Q_2}{Q_1}\right) = 1 - \left\{\frac{c_v\,(T_4 - T_1)}{c_p\,(T_3 - T_2)}\right\} = 1 - \left\{\frac{T_4 - T_1}{k(T_3 - T_2)}\right\} \quad (11)$$

となる。ここで、1→2は断熱変化であるから、

$$\frac{T_2}{T_1} = \left(\frac{V_1}{V_2}\right)^{\kappa-1} = \varepsilon^{\kappa-1}$$

$$\therefore T_2 = \varepsilon^{\kappa-1} T_1 \quad (12)$$

次に等圧変化2→3に対し、V_3/V_2を噴射締切比（Injection Cut Off Ratio）と呼び、これをσで表すこととし、また、状態2及び3に対する状態式を導くと、

$$P_2 V_2 = RT_2$$

$$P_3 V_3 = RT_3$$

ここで、$P_2 = P_3$であるから、

$$\frac{V_2}{V_3} = \frac{T_2}{T_3}$$

$$\therefore T_3 = \left(\frac{V_3}{V_2}\right) T_2 = \sigma T_2 \quad (13)$$

式（13）に式（12）を代入すると、

$$T_3 = \sigma \varepsilon^{\kappa-1} T_1 \quad (14)$$

また、3→4は断熱変化であること、および$V_4 = V_1$から、

$$T_3 V_3{}^{\kappa-1} = T_4 V_4{}^{\kappa-1}$$

$$\therefore T_4 = \left(\frac{V_3}{V_4}\right)^{\kappa-1} \quad T_3 = \left(\frac{V_3}{V_4}\frac{V_2}{V_2}\right)^{\kappa-1} \quad T_3 = \left(\frac{V_3}{V_2}\frac{V_2}{V_4}\right)^{\kappa-1}$$

$$T_3 = \left(\frac{V_3}{V_2}\frac{V_2}{V_1}\right)^{\kappa-1} \quad T_3 = \left(\sigma\frac{1}{\varepsilon}\right)^{\kappa-1} \quad \varepsilon^{\kappa-1} T_1 = \sigma^{\kappa} T_1 \quad (15)$$

これら式（12）、（14）及び（15）を式（11）に代入すれば、等圧サイクルにおける理論熱効率η_Dは次のように表される。

$$\eta_D = 1 - \left\{\frac{(1/\varepsilon^{\kappa-1})(\sigma^{\kappa} - 1)}{\kappa\,(\sigma - 1)}\right\} \quad (16)$$

この式（16）からわかるように、等圧サイクル（ディーゼルサイクル）の理論熱効率は、動作流体の比熱比κを一定と考えれば、圧縮比εが大きいほど高くなる。この点からも圧縮比を大きくできないガソリン機関に比べ、圧縮比を大きくとれるディーゼル機関の方が熱効率は高くなることがわかる。

また、噴射締切比σが1に近いほどすなわち、等容サイクルに近いほど理論熱効率は高くなるが、短時間に燃料を噴射して燃焼を終わらせることは最高圧力を極端に上昇させることになり、

機関の強度上限度がある。

2.3.3 サバテサイクル（複合サイクル又は等容等圧サイクル）

実際の高速ディーゼル機関では、等容サイクルと等圧サイクルとを組み合わせたサイクルを行う。このようなサイクルは複合サイクル（Dual Combustion Cycle）あるいは等容等圧サイクルと呼ばれている。

複合サイクルの P–V 線図 2.3.3 に示す。これまでと同様、複合サイクルの理論熱効率 η_s を求めてみる。

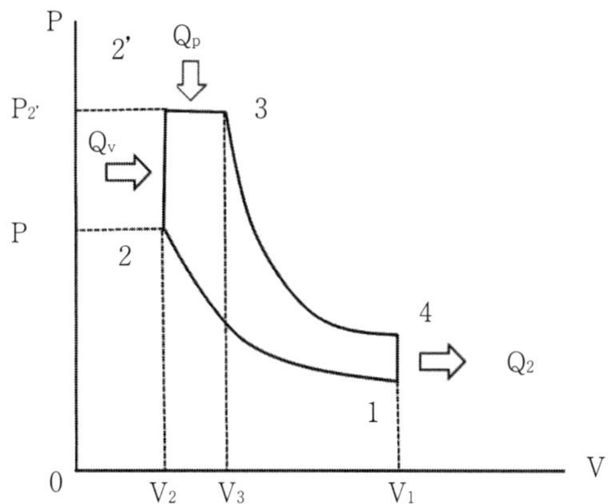

図 2.3.3　内燃機関の理論サイクル（複合サイクル）

このサイクルの中での受熱量 Q_1 は、比熱を一定として、

$$Q_1 = Q_v + Q_p = c_v\,(T_{2'} - T_2) + c_p\,(T_3 - T_{2'}) \tag{17}$$

放熱量 Q_2 は、マイナスの符号をつけて、

$$-Q_2 = c_v\,(T_1 - T_4)$$

$$\therefore Q_2 = c_v\,(T_4 - T_1)$$

したがって、複合サイクルの理論熱効率 η_s は、

$$\eta_s = 1 - \left(\frac{Q_2}{Q_1}\right) = 1 - \left\{\frac{c_v\,(T_4 - T_1)}{c_v\,(T_{2'} - T_2) + c_p\,(T_3 - T_{2'})}\right\}$$

$$= 1 - \left\{\frac{T_4 - T_1}{(T_{2'} - T_2) + k\,(T_3 - T_{2'})}\right\} \tag{18}$$

断熱変化 1 → 2 について、状態式を導くと、

$$T_1 V_1^{\kappa-1} = T_2 V_2^{\kappa-1}$$

$$\therefore T_2 = \left(\frac{V_1}{V_2}\right)^{\kappa-1} \quad T_2 = \varepsilon^{\kappa-1} T_1 \tag{19}$$

等容変化2→2'について、状態式を導くと、

$$P_2 V_2 = RT_2$$
$$P_{2'} V_{2'} = RT_{2'}$$

から、

$$\frac{P_2 V_2}{T_2} = \frac{P_{2'} V_{2'}}{T_{2'}}$$

$V_2 = V_{2'}$ であるから、

$$\therefore T_{2'} = \left(\frac{P_{2'}}{P_2}\right) T_2 = \sigma\ T_2 = \alpha\,\varepsilon^{\kappa-1}\,T_1 \tag{20}$$

ここで $\alpha = P_{2'}/P_2$ のことを圧力比（Pressure Ratio）と呼ぶ。

等圧変化2'→3について、状態式を導くと、

$$P_{2'} V_{2'} = RT_{2'}$$
$$P_3 V_3 = RT_3$$

から、

$$\frac{P_{2'} V_{2'}}{T_{2'}} = \frac{P_3 V_3}{T_3}$$

ここで $P_{2'} = P_3$ 及び $V_{2'} = V_2$ より、

$$\frac{V_2}{T_{2'}} = \frac{V_3}{T_3}$$

$$\therefore T_3 = \left(\frac{V_3}{V_2}\right) T_{2'} = \sigma\ T_{2'} = \sigma\ \alpha\ \varepsilon^{\kappa-1}\ T_1 \tag{21}$$

断熱変化3→4について、状態式を導くと、

$$T_3 V_3^{\kappa-1} = T_4 V_4^{\kappa-1}$$

$$\therefore T_4 = \left(\frac{V_3}{V_4}\right)^{\kappa-1} T_3 = \left(\frac{V_3}{V_{2'}}\frac{V_{2'}}{V_4}\right)^{\kappa-1} T_3 = \left(\frac{V_3}{V_{2'}}\frac{V_2}{V_1}\right)^{\kappa-1}$$

$$T_3 = \left(\sigma\frac{1}{\varepsilon}\right)^{\kappa-1}\ \sigma\ \alpha\ \varepsilon^{\kappa-1}\ T_1 = \sigma^{\kappa}\ \alpha\ T_1 \tag{22}$$

これらのことから、複合サイクルの理論熱効率 η_s は、

$$\eta_s = 1 - \left\{\frac{T_4 - T_1}{(T_{2'} - T_2) + k(T_3 - T_{2'})}\right\}$$

$$= 1 - \left\{\frac{(\sigma^{\kappa}\ \alpha\ T_1 - T_1)}{(\alpha\ \varepsilon^{\kappa-1} T_1 - \varepsilon^{\kappa-1} T_1) + k(\sigma\ \alpha\ \varepsilon^{\kappa-1} T_1 - \alpha\ \varepsilon^{\kappa-1} T_1)}\right\}$$

$$= 1 - \left\{\frac{(\alpha\ \sigma^{\kappa} - 1) T_1}{(\varepsilon^{\kappa-1}(\alpha - 1) T_1) + k\ \alpha\ \varepsilon^{\kappa-1}(\sigma - 1) T_1}\right\}$$

$$= 1 - \left\{ \frac{(\alpha \sigma^{\kappa} - 1)}{(\varepsilon^{\kappa-1}\{(\alpha - 1) + \mathrm{k}\,\alpha(\sigma - 1)\}} \right\} \tag{23}$$

式（23）において、$\sigma = 1$ または $\alpha = 1$ として変形すると、それぞれ等容サイクルおよび等圧サイクルの理論熱効率の式となる。このことは、複合サイクルは等容サイクルと等圧サイクルとを一般化したものといえる。

図2.3.4は、等容サイクル、等圧サイクルおよび複合サイクルにおいて、それぞれ圧縮比を変化させたときの理論熱効率の変化を示したものである。

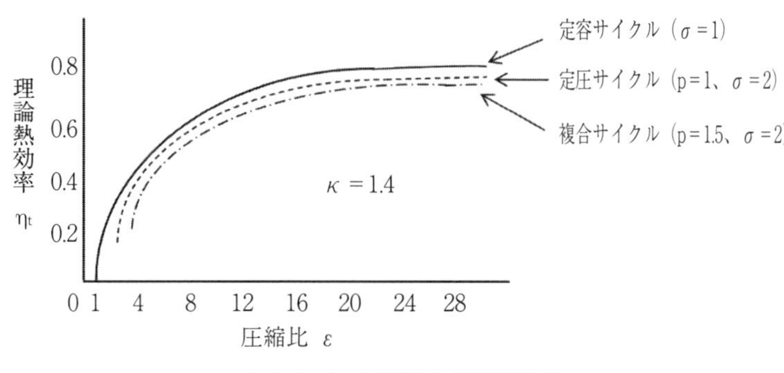

図2.3.4 圧縮比と理論熱効率

2.4 ディーゼル機関の分類

2.4.1 4サイクル機関と2サイクル機関

我々が慣用的に使う「4サイクル機関」、「2サイクル機関」とは、略した表現であり、これを正確に表現するために、たとえば「4ストローク1サイクル機関」のような言い方をする場合がある。

しかし、ここではこのことを踏まえた上で、慣用的な表現である「4サイクル機関」、「2サイクル機関」を用いることとする。

(1) 4サイクル機関

吸気、圧縮、膨張、排気の1サイクルの作動をクランク軸が2回転する間に行う機関。

図2.4.1に4サイクルディーゼル機関の断面図の例を挙げる。

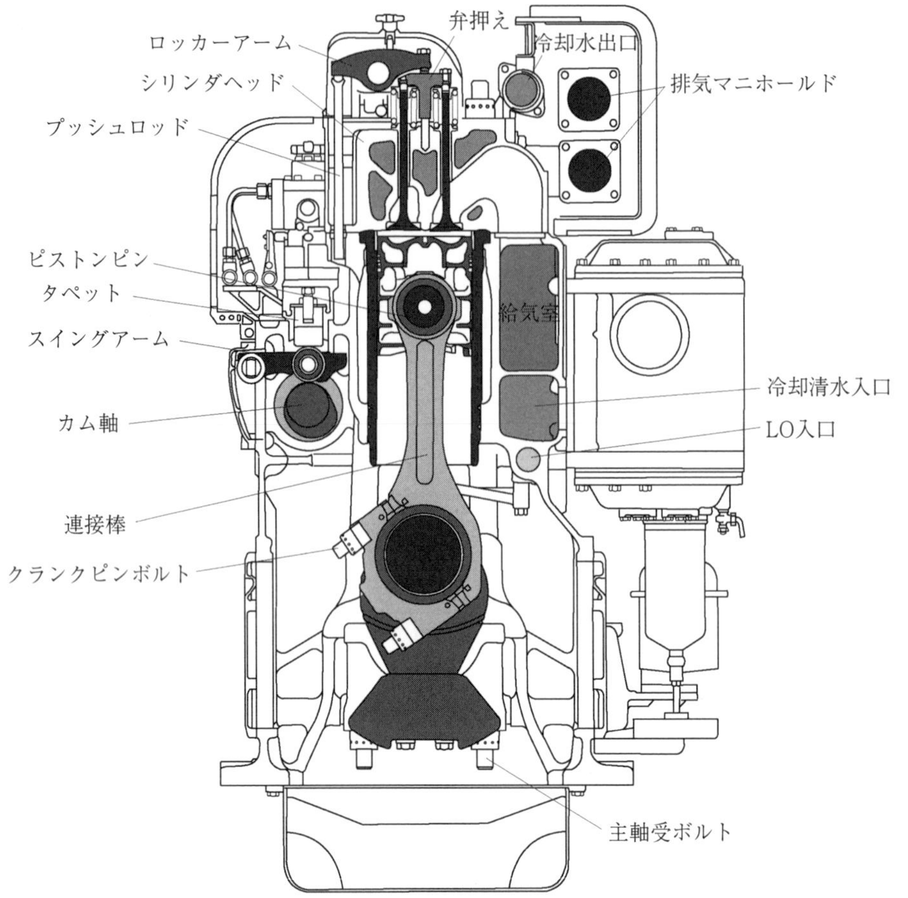

図 2.4.1　4 サイクルディーゼル機関断面図

4 サイクルディーゼル機関の作動を図 2.4.2 に示す。

① 第 1 行程（吸気行程：Suction Stroke）

空気の吸込みを行う行程で、排気弁は閉じ、吸気弁は開き、ピストンは下降して空気をシリンダ内に吸入する。

② 第 2 行程（圧縮行程：Compression Stroke）

吸気弁及び排気弁は閉じ、ピストンが上昇して空気を圧縮する。圧縮行程終期、上死点付近の圧縮圧力は約 3.0 ～5.5MPa に上昇し、温度は約 500 ～ 700 ℃に達する。

③ 第 3 行程（膨張行程：Expansion Stroke）

ピストンが上死点付近に達したとき、シリンダ内に燃料が噴射されると、これが自然着火し、燃焼ガスはピストンを下方に押し下げ、膨張することで外部に対し仕事をする。

④ 第 4 行程（排気行程：Exhaust Stroke）

膨張行程終期、下死点付近で排気弁が開き、ピストンが慣性力により上昇することでシリンダ内の燃焼ガスを外部へ排出する。

これを繰り返すことで、連続的に仕事を発生する。

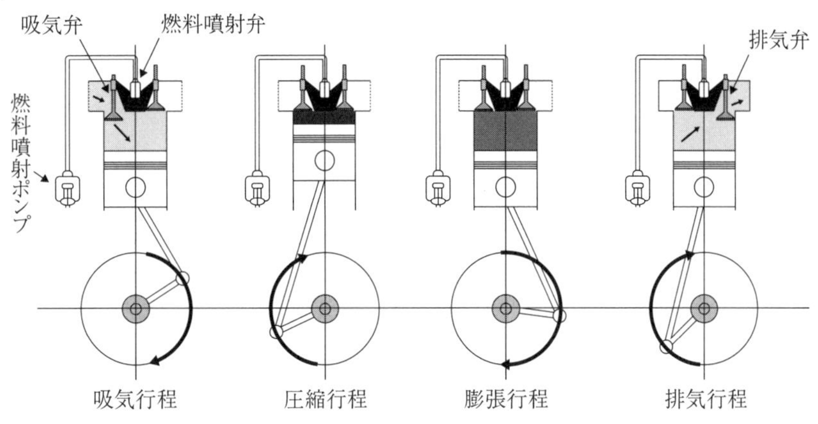

図 2.4.2　4サイクルディーゼル機関の作動

(2)　2サイクル機関

吸気、圧縮、膨張、排気の1サイクルの作動をクランク軸が1回転する間に行う機関である。図2.4.3に2サイクルディーゼル機関の断面図の例を挙げる。

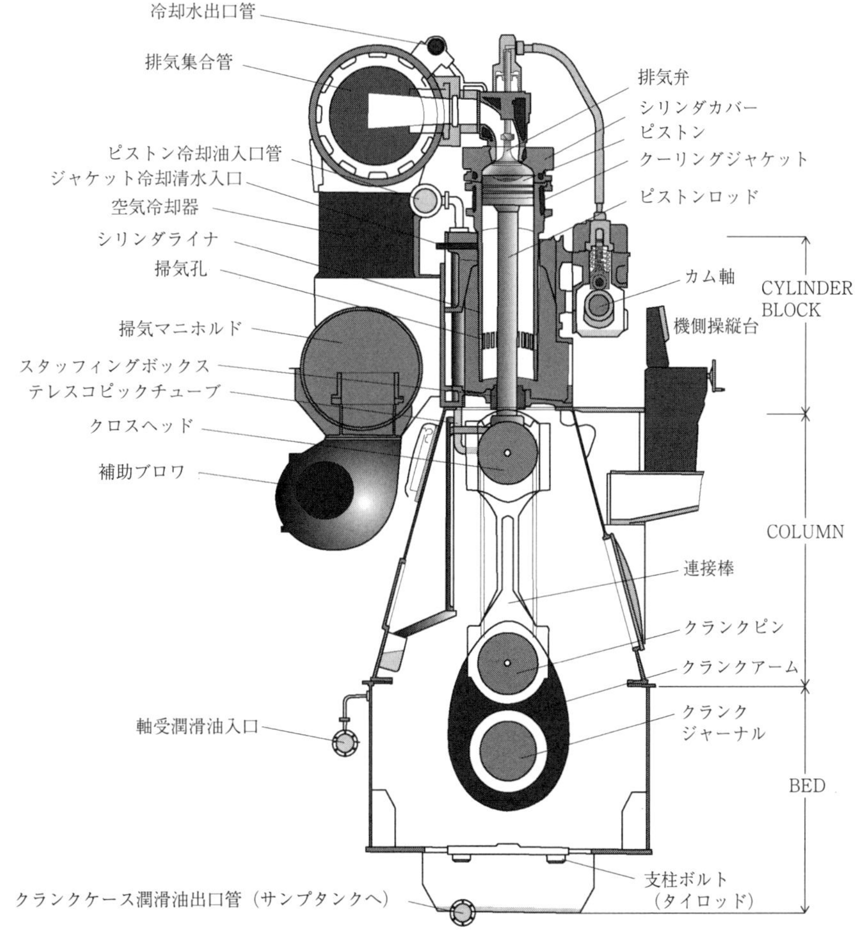

図 2.4.3　2サイクルディーゼル機関断面図

2サイクル機関はピストンの1往復つまり1回転でサイクルを完結する機関で、ピストンの1往復毎に燃焼が起こる。

最初の2サイクル機関は、1858年にフランス人ジャン・ルノアールによる電気点火式のガス燃料機関であったが、今日の2サイクルディーゼル機関につながる、いわゆる掃気（スカベンジングエア / Scavenging Air）という考えを取り入れた最初の機関（ガソリン機関）を製造したのは、イギリス人のデュガルド・クラークであり、1881年に特許を得ている。

2サイクル機関では、何らかの手段で圧力が高められた燃焼用空気をシリンダ内に送り込む装置が必要で、これによりピストンが下死点付近にある間に、燃焼ガスを追い出し、新しい空気がシリンダ内に満たされる。このことを掃気という。

2サイクルディーゼル機関の作動を図2.4.4に示す。

① 圧縮行程（上昇行程）

ピストンが上昇して掃気孔が閉じ、排気弁が閉じられると、シリンダ内の空気は圧縮され、温度が上昇する。

② 膨張行程（下降行程）

4サイクル機関と同様、上死点前で燃料が噴射され、燃料の燃焼により生じた燃焼ガスは、ピストンを押し下げて膨張し、外部に対して仕事をする。

ピストンが更に下降すると、排気弁が開き燃焼ガスが逃げ出し始め、これとほぼ同じく掃気孔が開き、掃気が始まる。

ピストンが上昇し始めても、しばらくの間、掃気が続けられるが、間もなく掃気孔と排気弁が閉じ、圧縮行程に入る。

2サイクル機関では、このようにピストンの1往復の間で1回の仕事が終わり、引き続いて、[掃気→圧縮→膨張→排気→掃気] と繰り返し、運転が継続される。ただし、排気行程と掃気行程の一部はオーバラップする。

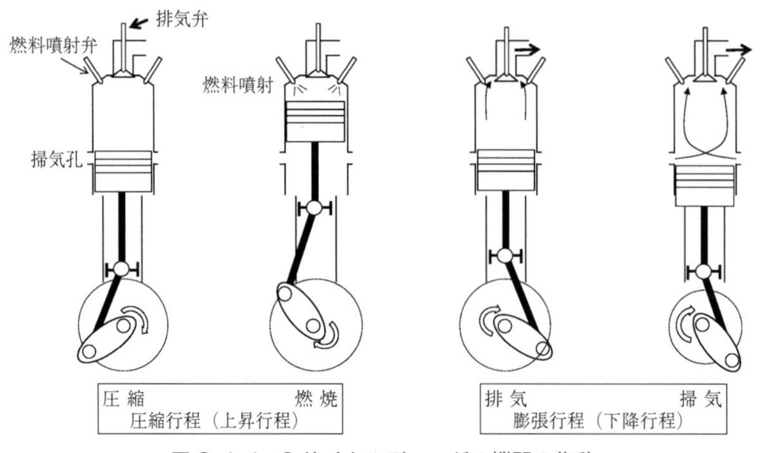

図2.4.4　2サイクルディーゼル機関の作動

⑶ 4サイクル機関と2サイクル機関の比較

① 4サイクル機関では2回転に1回の燃焼、2サイクル機関では1回転毎に燃焼することから、同一シリンダ容積では理論上、2サイクル機関は4サイクル機関の2倍（実際には1.2～1.8倍）の出力が得られることになる。

② 2サイクル機関では、プロペラ直結とするため、低速回転にする必要があり、ロングストロークとなるので、全高が高くなる。したがって、船種や船形によって制約を受ける。

③ シリンダ数が同じ場合、4サイクル機関の爆発回数は、2サイクル機関の1/2となるので、フライホイール（はずみ車）の大きさは2サイクル機関に比べて大きくなる。

④ 2サイクル機関ではピストン頂面に常時作用する圧力により、ピストン上昇にともなう慣性力は打ち消されるのに対し、4サイクル機関では排気行程中のピストン上昇時、ピストン頂面に作用する圧力がないため、慣性力が直接クランクピンボルトなど主要部に作用するため、これらの強度を高めなければならない。

⑤ 4サイクル機関では吸気行程、排気行程が明確であり、掃気効率が良い。これに対し、2サイクル機関では、掃気装置（排ガスタービン過給機）が必要である。

⑥ 4サイクル機関では吸排気行程があるので、燃焼室の温度を低く保つことができ、シリンダライナの摩耗の点からも有利となる。これに対し、2サイクル機関においては、シリンダ潤滑のための注油方法あるいはシリンダ油自体の改良などの対策が施されている。

このような利点・欠点があることから、その利点を生かし、中・小型機関や高速機関では、その多くが4サイクルを、大型機関には2サイクルが用いられている。

2.4.2 トランクピストン型とクロスヘッド型

⑴ トランクピストン型（Trunk Piston Type）

ピストンを連接棒でクランク軸に直接連結するもので、中・小型機関に多く用いられる。

⑵ クロスヘッド型（Crosshead Type）

機関が大型になるとトランクピストン型であれば、連接棒の傾斜によりピストンからシリンダライナへの側圧が大きくなる。シリンダ内部は高温のため潤滑が困難であり、異常摩耗あるいはピストン外周の焼き付きの原因となる。このため、側圧を専用に受けるクロスヘッドを設け、その上部にピストン棒、下部に連接棒を介してクランク軸を結んでいる型式をクロスヘッド型という。

2.4.3 機関の回転速度による分類

機関の回転速度による分類については明確な区分の基準はないが、表2.4.1のように高速機関、中速機関、低速機関に分類される。しかし、最近は回転速度による分類よりも、平均ピストン速度による分類が一般的となっている。

表 2.4.1 機関の回転速度による分類

区 分	回転速度〔min^{-1}〕	平均ピストン速度〔m/s〕
高速機関	1,000 以上	8 以上
中速機関	400 ～ 1,000	6 ～ 8
低速機関	400 以下	6 以下

2.4.4 シリンダ配列による分類

(1) 立型機関

シリンダを一列に並べ、ピストンが上下に動く機関で、広く使用されている。

(2) V 型機関

シリンダを斜め 2 列に並べた機関で、機関室の高さが限られ、しかも大出力を必要とする場合等に用いられる。

2.5 ディーゼル機関の性能

2.5.1 出力と効率

(1) ディーゼル機関の出力

熱機関では燃料を燃焼させる際の熱エネルギを機械的仕事に連続して変換しているが、その熱エネルギの全てを仕事に変換できるわけではなく、相当大きな部分がいろいろな損失となって環境の中に消えてしまっている。

① 図示出力（Indicated Output）

シリンダ内で燃焼ガスがピストン上面に作用する仕事を表すもので、圧力－容積線図（P-V 線図）より、図示平均有効圧力を求めて全シリンダの出力を合計して算出する。

② ブレーキ（制動）出力（Brake Output）

機関の出力軸端（軸継手）における出力。機関が実際に外部に伝える動力を表し、図示出力から軸受等の摩擦損失や機関付属の直結ポンプ等を駆動するための動力、いわゆる機械損失を差し引いたもの。水動力計などによって計測する。

③ 軸出力（Shaft Output）

推進軸系に伝えられる出力。普通、中間軸に取り付けられたねじり動力計により求める。機関出力軸端における出力からねじり動力計の取付位置までにある軸受などでの損失を差し引いたものである。

(2) 各種効率

一般に、投入したエネルギに対する回収（利用）可能なエネルギの比をエネルギ効率というが、熱機関においてはこれを熱効率という。

① 図示熱効率（Indicated Thermal Efficiency）：η_i

機関に供給された熱量に対する図示出力（図示仕事）との比

$$図示熱効率（\eta_i）=\frac{図示出力（W_i）}{総供給熱量 Q}$$

② 機械効率（Mechanical Efficiency）：η_m

機関内部で発生した動力と外部に伝えられた動力との比

$$機械効率（\eta_m）=\frac{ブレーキ出力(W_b)}{図示出力(W_i)}$$

③ 正味熱効率（Effective Thermal Efficiency）：η_e

機関に供給された熱量に対するブレーキ出力との比

$$正味熱効率（\eta_e）=\frac{ブレーキ出力(W_b)}{総供給熱量 Q}=\eta_i \times \eta_m$$

2.5.2　圧力－容積線図（P–V 線図）

P–V 線図は図 2.5.1 及び図 2.5.2 に示すようにピストン行程に対する圧力変化を示すもので、一般的にたび型線図とも呼ばれ、その面積がシリンダ内で発生した仕事を表し、これによりシリンダ内で発生した出力、すなわち図示出力が求められる。また、大まかに燃焼状態を知ることもできる。

この P–V 線図を撮取するには、従来はインジケータ（指圧器、Indicator）が用いられていたが、近年は受圧部分に圧電素子を用い、またクランク位置及び回転速度についても電気信号として取り込んでいる。圧力変化を表示・記録するシステムを用いて、刻々と変化する各シリンダの出力や燃焼状態を連続して採取する装置を搭載し、運転管理を行っている。

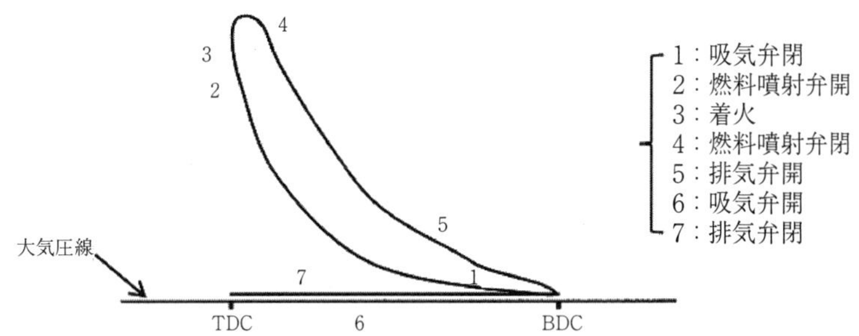

図 2.5.1　P–V 線図（4 サイクルディーゼル機関）

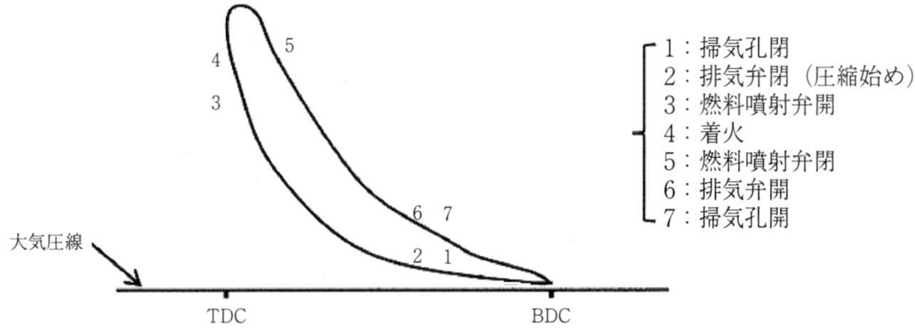

図 2.5.2　P–V 線図（2 サイクルディーゼル機関）

2.6　軸系ねじり振動と危険回転速度

2.6.1　ねじり振動

(1)　ねじり振動

図2.6.1のように、軸系の一部として軸とこれより大きい円板を組み合わせたモデルを考えてみる。この両端をそれぞれ反対方向に$\Delta\theta$〔deg.〕だけねじって離すと、円板は静止していたときの位置を中心に振動する。このことをねじり振動と呼ぶ。

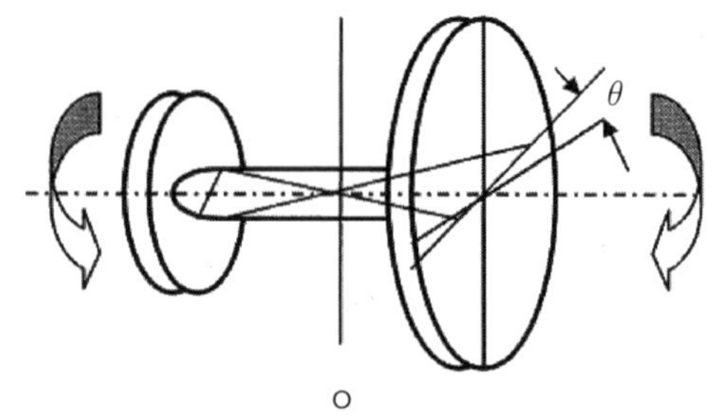

図2.6.1　ねじり振動を表すモデル

(2)　固有振動（自然振動）

軸をねじって離すと軸は元の位置に戻ろうとするが、軸は慣性のために行き過ぎて反対方向にねじれ、これが元に戻ろうとしてまた行き過ぎる。この運動を固有振動という。固有振動は外力が新たに加わらなければ減衰作用によりやがて止まる。

(3)　強制振動

ディーゼル機関では、シリンダ内のガス圧力によるトルクや往復重量による慣性トルクが周期的な変動を繰り返すため、それに直結している軸系ではトルク変動が起振力となり、強制的にねじり振動を起こさせる。これを強制振動という。

2.6.2　危険回転速度

(1)　振動の節と次数

①　節

軸系振動において振幅が0になる点を節（node）といい、この点で応力が最大となる。節が多い振動ほど振幅が小さくなり、3節以上の振動はあまり問題ない。

軸直結ディーゼル機関において、1節振動は中間軸又はプロペラ軸に節があり、この部分で応力が高くなる。また、2節振動はクランク軸の振動となり、これが大きい場合はクランク軸の折損に至る。

②　次数

固有振動数を軸の毎分回転速度で割ったものを次数（order）という。言い換えれば軸系の1回転する中で現れる振動数ということになる。2サイクル機関ではクランク軸の1回転に対し1回燃焼し、これが起振力を与えることから次数は、1、2、3、4、・・・・と整数倍となり、また4サイクル機関ではクランク軸の2回転に1回燃焼することから次数は、1、$1\frac{1}{2}$、2、$2\frac{1}{2}$、3、・・・となる。

(2)　共振現象と危険回転速度

軸系の固有振動の周期と回転力の変動による強制振動の周期が、機関のある回転速度で一致した場合、共振現象を引き起こし大きなねじり振動となる。このように共振する回転速度を危険回転速度と呼び、

危険回転速度＝固有振動数／次数

という関係になる。

特に、シリンダ内ガス圧力の変動による次数、つまり爆発による強制振動数と共振した場合（例えば2サイクル6シリンダ機関であれば6次、4サイクル6シリンダ機関であれば3次）の危険回転速度を主危険回転速度という。

危険回転速度にて運転を続けると、軸系に対し過大な応力による疲れを発生させ、遂には破壊につながることになる。

したがって、ねじり振動による事故を避けるため、例えば船舶機関規則では第7条に「機関の軸は、その使用回転数の範囲内において著しいねじり振動その他の有害な振動が生じないように適当な措置が講じられたものでなければならない。」と定められている。

軸系の危険回転速度は、船舶の建造時における主機の選定並びに軸系の設計の段階で数値計算により算出され、危険回転速度を主機の常用運転回転速度外に移すなどして回避するのが一般的である。危険回転速度の回避方法は、軸径を変えることや長さを変えること、あるいは出力軸端に弾性継手を設けることなどにより固有振動数を変えることができる。そして、完工後の海上運転において軸系ねじり振動を実測し、常用運転範囲に有害な危険回転速度がないことを確認している。

2.7　シリンダ内の燃焼とガス交換

2.7.1　シリンダ内における燃焼

ディーゼル機関における圧縮比は12～21程度であり、圧縮行程の終わりでは圧縮圧は約3.0～5.5 MPaとなり、空気温度は約500～700℃に達する。

この圧縮された高温高圧の空気中に燃料油が高圧で噴射され、微粒子となった燃料油はその表面で気化し、ガスとなり高温空気と触れることで着火、燃焼が始まる。

図2.7.1は圧縮行程から膨張行程におけるクランク角に対する燃焼室圧力の変化を示したものである。この図を見ながらシリンダ内における一連の燃焼過程について考えてみる。燃焼過程は次の四つの過程に分けられる。

(1)　着火遅れ期間

A点にて燃料油の噴射が開始されるが、すぐには着火せず、実際に着火が起こるB点までは圧縮圧力曲線をたどって圧力が上昇する。このA点からB点までの期間を着火遅れ期間と呼ぶ。これは、噴射された油粒が高温の空気で加熱・蒸発し、着火点に達して燃焼を開始するまでの遅れ期間といえる。

(2)　爆発的燃焼期間

B 点で燃料油の一部が燃焼を始めるとこれによって発生した炎が導火となり、着火遅れ期間に噴射された燃料油のほとんど全部が可燃混合ガスとなって一斉に燃焼し、圧力は B 点から C 点まで爆発的に急上昇する。

(3) 制御燃焼期間

一旦燃焼室内で燃焼が広がると圧力・温度とも著しく高くなることから、反応速度は促進し、着火遅れは短くなり、C 点を過ぎて以後噴射される燃料油は噴射とほぼ同時に燃焼する。このときに燃料噴射量を加減することで燃焼を制御することができ、従って C 点から D 点までの圧力上昇をコントロールすることができる。この C 点から D 点までの期間を制御燃焼期間と呼ぶ。

(4) 後燃え期間

D 点で燃料油の噴射が終わっても一部の燃料油は、燃焼に必要な酸素と出会えず未燃のまま残るが、ピストンの下降とともに燃焼室内の空気の流動のため酸素と出会い、E 点まで燃焼が続く。この期間を後燃え期間と呼ぶが、これが長くなっても有効な仕事にはならず、排気温度を高め熱損失の増大を招くことになる。

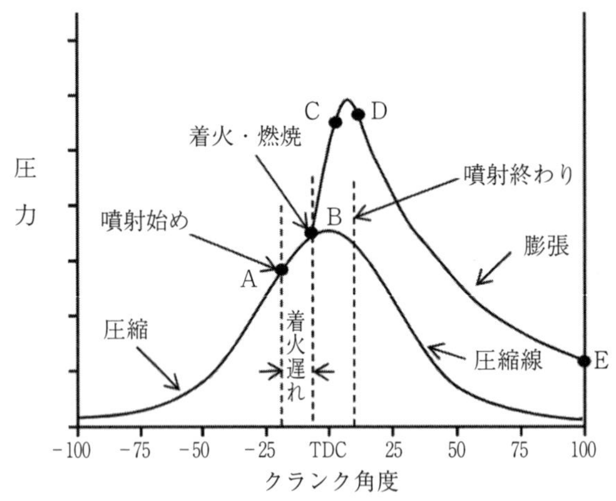

図 2.7.1　燃焼過程を表す圧力線図

2.7.2　着火性と異常燃焼

第 1 過程である着火遅れ期間が大きくなるにつれ、噴射されても燃焼しない燃料油が多くなり、それが瞬時に燃焼するために圧力が急激に上昇し、いわゆるノックという激しい叩き音が発生する。このことをディーゼル・ノックと呼ぶ。また、ディーゼル・ノックのように正常ではない燃焼のことを異常燃焼と呼ぶ。図 2.7.2 にディーゼル・ノック時の圧力線図を示す。

ディーゼル・ノックを生じると運転が不規則になるとともに、圧力が過大になり、軸受メタルにも悪影響を及ぼすことになる。したがって、ディーゼル・ノックを起こさない円滑な運転のためには着火性の良好な燃料油を用いて着火遅れを少なくする必要がある。この燃料油の着火性の程度を示す指標として、セタン価が用いられており、燃料油搭載時の性状表を確認する必要がある。

そのほかにディーゼル・ノックを防止するには、圧縮比を高くすること、冷却水温度を高くして燃焼室周囲の温度を高めること、燃料噴射弁からの噴霧の状態をよくすることが有効となる。

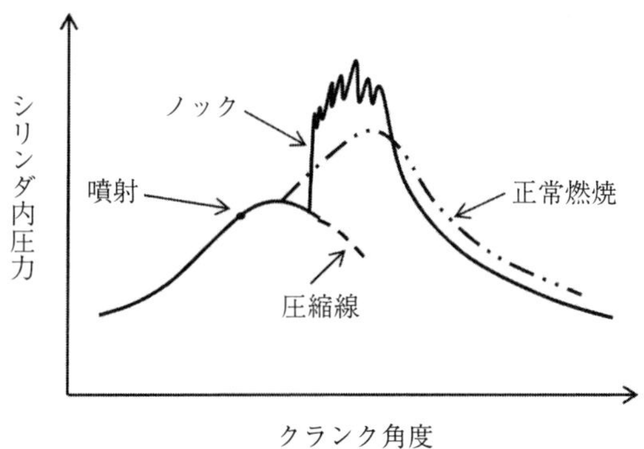

図 2.7.2　ディーゼル・ノック時の圧力線図

2.7.3　燃料油の噴射時期

図 2.7.3 に燃料油の噴射時期と燃焼室内圧力の関係を示す。噴射時期が早すぎると圧力は図中①のように高くなり過ぎ、その割には出力の増加にはつながらない。また、噴射時期が遅れると図中③のように圧力上昇は小さいが、膨張行程の終わり近くまで後燃えが続き出力は低下する。

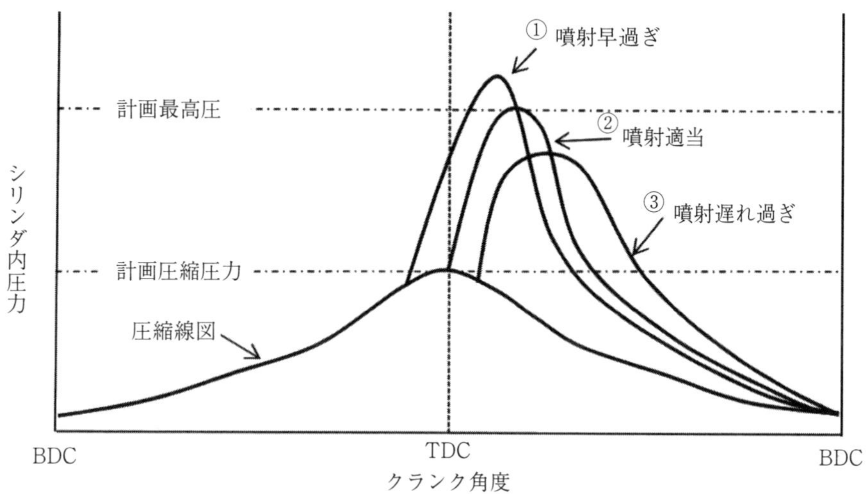

図 2.7.3　燃料の噴射時期と圧力変化

3　ガスタービン

3.1　概要

ガスタービンは、圧縮機、燃焼器及びタービンで構成され、圧縮機で圧縮した空気を燃焼器で燃料と混合して燃焼させ、高温高圧になった燃焼ガスをタービン内で膨張させることによってタービンを回転させ、回転エネルギを取り出す原動機である。

発熱反応したガスを直接作動流体として使用するので、内燃機関に分類される。

また、ディーゼル機関が間欠燃焼であるのに対して、ガスタービンは連続燃焼である。

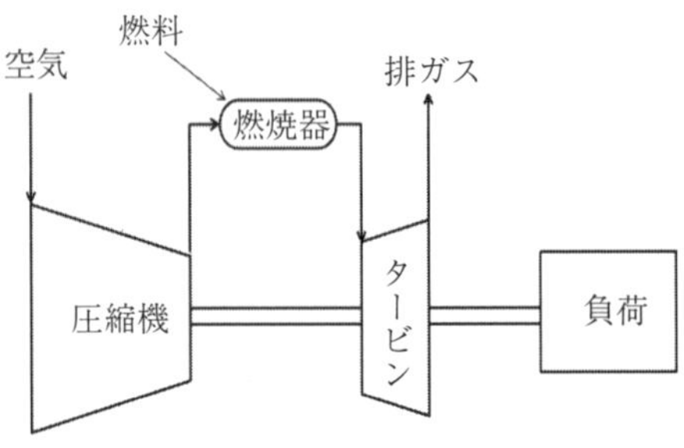

図 3.1.1　ガスタービンの構成

3.2　ガスタービンの種類

産業用ガスタービン及び船用ガスタービンは、燃焼ガスのエネルギをできるだけ多くタービンで取り出すのに対し、ジェットエンジンは、圧縮機を回すのに必要な分だけ膨張仕事としてタービンで取り出し、残りの燃焼ガスエネルギを直接噴出し、推力を得ている。

3.2.1　ジェットエンジン（航空機用ガスタービン）

(1)　ターボジェットエンジン

吸入空気の全量を燃焼室に導き、タービンからの排気のみで推力を得るエンジンである。

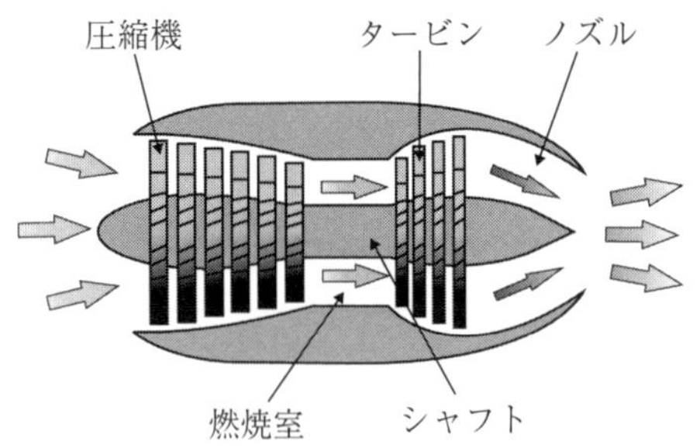

図 3.2.1　ターボジェットエンジン

(2)　ターボファンエンジン

ファンを通った空気の一部を燃焼させずに外側に流し、タービン出口の排気ノズル内で燃焼ガスと合流させる。これによって、推進効率が向上し、騒音も減少する。ジェット機の大半がターボファンエンジンを使用している。

ファンのみを通過する空気量と燃焼に使用される空気量との比により、低バイパス比エンジンと高バイパス比エンジンに分類することができる。

低バイパス比エンジンは、ターボジェットエンジンに近く、高速ジェット機（戦闘機など）に使用される。

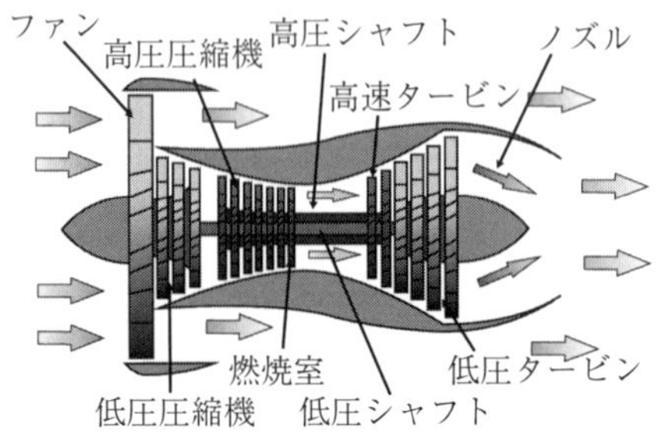

図 3.2.2　ターボファンエンジン

高バイパス比エンジンは、主に旅客機エンジンに使用されている。よりバイパス比の高いエンジンは、ターボプロップエンジンに近いものになる。

(3) ターボプロップエンジン

燃焼ガスエネルギのほとんどをタービンで取り出し、プロペラ及び圧縮機を駆動する。プロペラは、減速機を介して駆動され、推力のほとんどを発生する。

(4) ターボシャフトエンジン

主にヘリコプターに使用される。

ターボプロップエンジンにおけるプロペラの代わりにヘリコプターのメインロータを駆動する。あるいは、圧縮機を駆動するタービンと独立してフリーパワータービンを設け、減速機を介して軸出力を取り出すものもある。

3.2.2 船用ガスタービン及び産業用ガスタービン

ターボシャフトエンジンと同様の構成である。

タービンは、圧縮機と同一軸上に設けられた圧縮機を駆動するためのコンプレッサタービンと、エネルギを取り出しプロペラや発電機を駆動するパワータービンに分けられる。これを2軸式という。

圧縮機はコンプレッサタービンと一体となって回転するが、パワータービンは、圧縮機とは無関係に回ることができ、停止状態から最大回転まで自由に回転速度を変化することができる。たとえパワータービンが停止していてもコンプレッサタービンはほとんど回転速度が落ちず、大量の燃焼ガスを供給し続けることができるため、勢いのよい燃焼ガスがパワータービンにぶつかり、強い回転力を生み出すこともできる。

この仕組みのガスタービンは、低速回転で大きな回転力を発生することができ、結果的に回転速度の変化による効率の低下は1軸式より少なく、列車や自動車、飛行機や船のプロペラなどを動かすのに都合がよい。

また、ガスタービンの排熱を利用して、蒸気を発生させるなどしてコージェネレーションシステムを構築することも可能である。

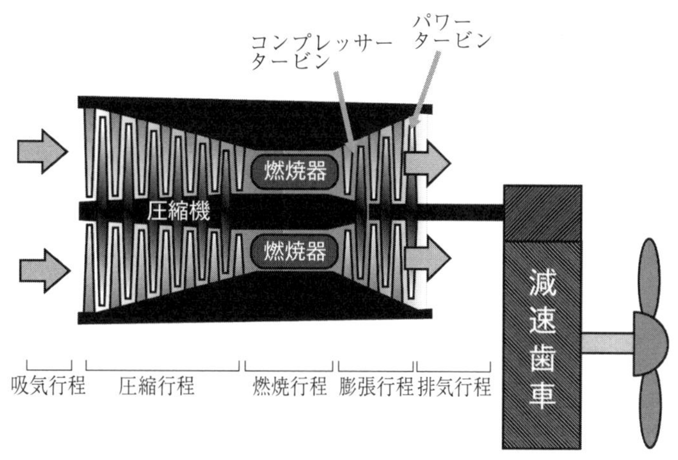

図3.2.3 船用ガスタービン基本構成図

3.3　構成要素

3.3.1　圧縮機

圧縮機とは、燃料を十分な酸素の下で効率よく燃焼させるための高圧の空気を作る装置をいう。一般に、圧縮比が高いほど熱効率が向上するので、高い圧縮比（10～30程度）を得るため、多段（5～25段）とすることが多い。

3.3.2　燃焼器

圧縮機から送り込まれた圧縮空気と燃料油を混合して燃焼させ、1000℃前後の高温の燃焼ガスを発生させる装置をいう。新鮮で十分な量の空気の下で燃焼が連続的に行われるため、不完全燃焼が起きにくく、煤煙や一酸化炭素の発生も少なく、他の内燃機関に比べ、環境に与える影響が少なくて済む。

燃料としては、灯油、軽油及びA重油などの液体燃料油やLPGの使用が可能である。

3.3.3　タービン

タービンでは、高圧の燃焼ガスを膨張させて流れを増速させ、この速度エネルギをタービンの回転エネルギに変換し、圧縮機を駆動すると共に外部への有効な仕事を取り出す。

一般に小型ガスタービンの一部を除き、圧縮機駆動用と動力取出し用のタービンは、別々に設けられている。

燃焼ガスのエネルギのうち、圧縮機を回すのに必要な分だけを膨張仕事として取り出すタービンをコンプレッサタービン（ガスジェネレータタービン）といい、一方、コンプレッサタービンの後段に位置し、残りの燃焼ガスのエネルギをできるだけ多く膨張仕事として外部に取り出し、プロペラや発電機を駆動するタービンをパワータービンという。

3.4　ガスタービンの熱サイクル

ガスタービンの熱サイクルは、空気を作動流体とする開放ブレイトンサイクルで表される。

(1)　単純サイクル

圧縮機、燃焼器、タービン及びパワータービンから構成される最も単純なガスタービンのサイクルを単純サイクルと言う。図3.4.1に構成要素と線図を示す。

①→②	圧縮機によって断熱圧縮
②→③	燃焼による等圧下での加熱
③→④	タービンで断熱膨張しながらエネルギを仕事に変換
④→①	大気中に等圧で放熱

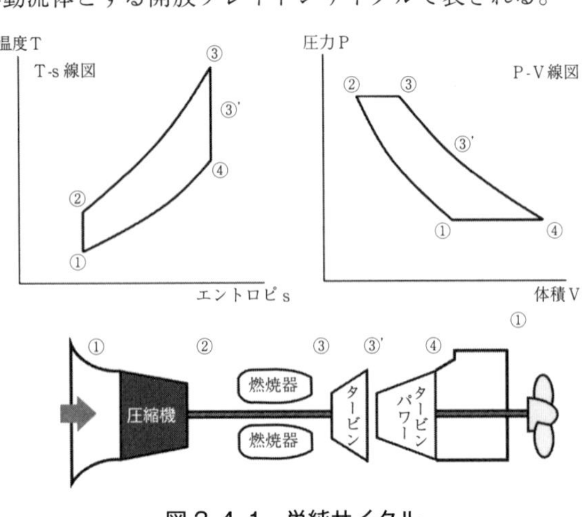

図3.4.1　単純サイクル

(2) 再生サイクル

ガスタービンからの排気の熱を回収し、熱効率を改善しようとするもので、最も良く採用されている。

空気の圧縮機出口温度をパワータービン出口温度まで上昇させることにより、燃焼器での加熱に要する燃料を節約できる。

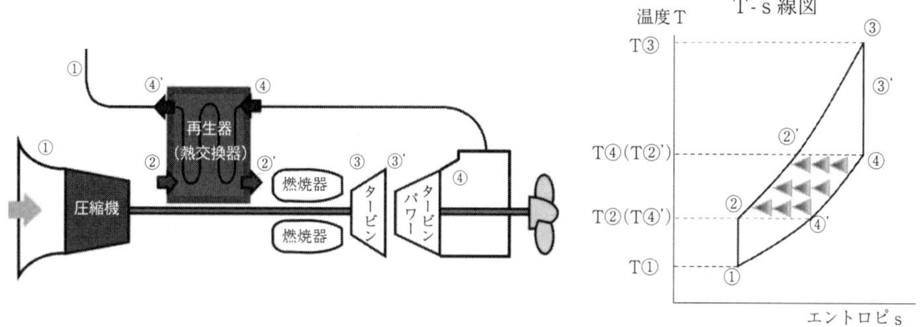

図3.4.2 再生サイクル

(3) 中間冷却・再生サイクル

中間冷却サイクルは、圧縮過程を2段以上に分けて中間で冷却することにより、圧縮機の必要とする仕事を軽減し、その分のエネルギを出力として取り出そうとするものである。

圧縮機が必要とする仕事は減るが、作動流体の圧縮機出口温度が低下するので、加熱に要する燃料が必要となり、中間冷却サイクルだけでは熱効率が低下する。そこで再生サイクルと組み合わせて加熱分の燃料を節約し熱効率の改善をしている。

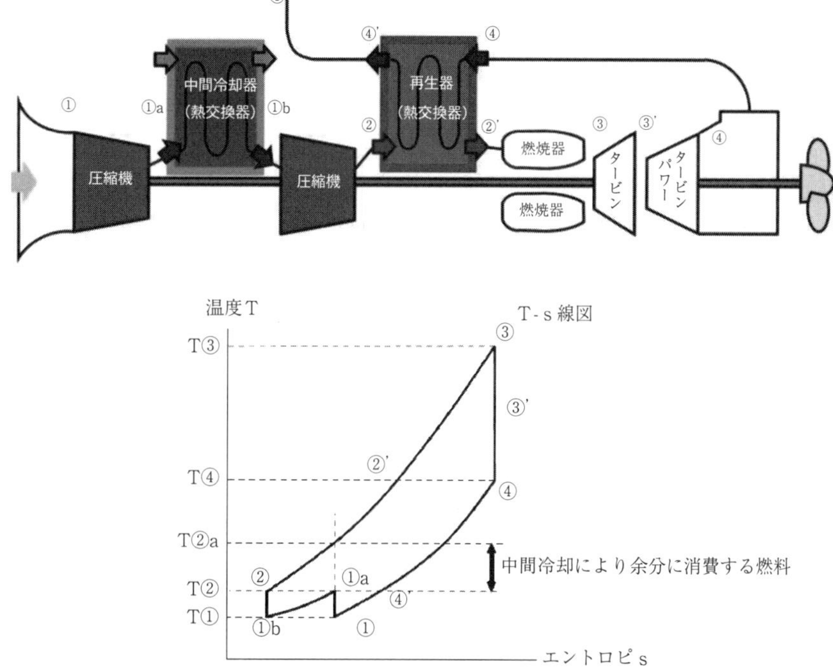

図3.4.3 中間冷却・再生サイクル

(4)　再燃・再生サイクル

タービンでは、作動流体の温度が高いほど効率よく仕事を取り出せる。そこで燃焼器を複数段設けて膨張過程を２段以上とし、より多くの膨張仕事を取り出せるようにしたものが再燃サイクルである。

再燃サイクルでは、膨張仕事は多くなるものの、燃焼器の数だけ燃焼を繰り返すので、より多くの燃料が必要となる。また通常よりタービン出口の温度は上昇する。そこで再生サイクルと組み合わせることによって熱効率を大幅に改善できる。

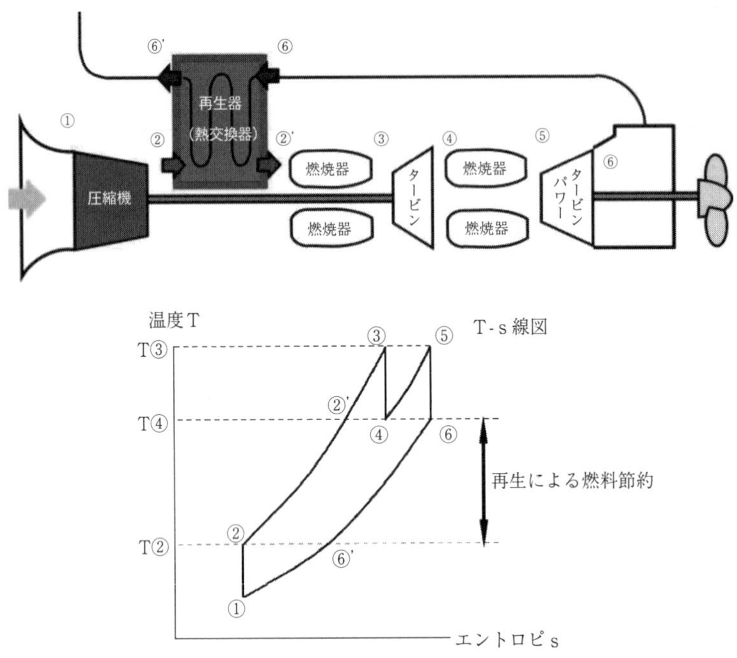

図3.4.4　再熱・再生サイクル

3.5　ガスタービンの特徴

3.5.1　一般的な特徴

(1)　機関の大きさ（容積、重量）

構造が簡単であり、機関そのものが小型で軽量である。同出力の他の機関に比べ容積、重量共に小さい。

(2)　燃費、経済性

大型ガスタービンでは熱効率が約40％となり、同出力のディーゼル機関との熱効率の比較においても遜色ない。また、高温の排気ガス利用により、プラント全体の熱効率の向上が期待できる。

(3)　運転特性

出力変動に対する応答性が良く、操縦が容易である。一方、低速状態で極端に熱効率が低下するため、負荷変動の激しい運用時には燃費が悪い。

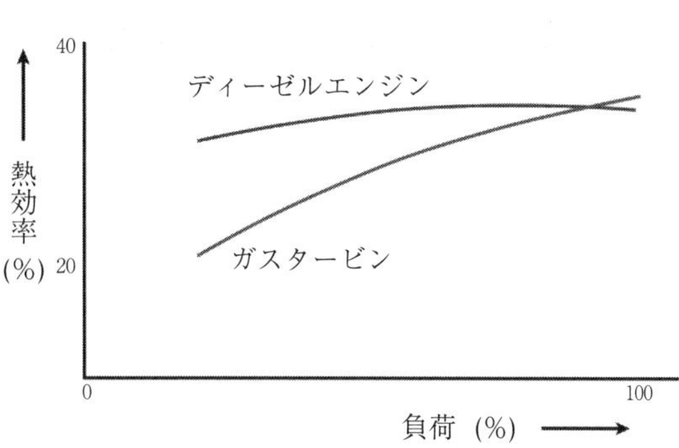

図 3.5.1 負荷－熱効率グラフ

(4) 保守性、信頼性

ガスタービンは、適切な整備を怠らなければ、信頼性が高い機関である。また、日常的な点検を除くと、ユーザーが行うべき特別なメンテナンスはほとんど無い。

一方、船用機関としては、安価な粗悪燃料油は使用できない。また、空気中の塩分によるタービンの腐食等に注意が必要である。

(5) 環境保護

ディーゼル（特に２サイクル）機関は、動作原理上不完全燃焼が避けられないのに対して、ガスタービンは常に完全燃焼しているので、粒子状物質（PM；Particulate Matter）等の生成物はほぼ発生しない。

＜ガスタービンの排気＞

粒子状物質（PM）	：	ほぼ発生しない
一酸化炭素（CO）	：	ほぼ発生しない
窒素酸化物（NOx）	：	従来の燃焼器では高い燃焼温度のため発生していたが、低 NOx 燃焼が開発され、低減されている
炭化水素（HC）	：	ほぼ発生しない

3.5.2 船用機関としての特徴

(1) メリット

① 出力に対する占有容積、重量が小さい
② 操縦性（出力応答）が良好
③ 構造が簡単で信頼性が高い
④ 暖機、冷機が不要で、始動性が良い
⑤ 必要とされる補機器が少ない
⑥ 振動が少なく、騒音が高周波で防音し易い

(2) デメリット

① 低速時は極端に効率が悪化するので出入港等の低速航行を強いられる場面で燃費が悪い
② 同程度の出力のディーゼル機関に比較して高価
③ メーカーによる定期的なオーバーホールが必要であり、維持費用が高い
④ 安価なＣ重油が使用できないので運航経費がかさむ

3.5.3　船用推進システムとしてのガスタービン

ガスタービンを推進システムとして捉えた場合、次の特徴を活かした対応が必要となる。

①　回転速度が高い

②　低速運転時の効率が極めて悪い

③　逆転が不可能

(1)　減速機を介した可変ピッチプロペラ

減速機を搭載し、機関の高速回転をプロペラ効率の最も良い回転域まで下げると共に、ガスタービンの出力を効率よく推進力に変換することができる。また、可変ピッチプロペラにより、機関の回転速度を一定に保ったまま低速走行が可能であり、更にプロペラピッチを反転させることにより、停止や後進が可能である。

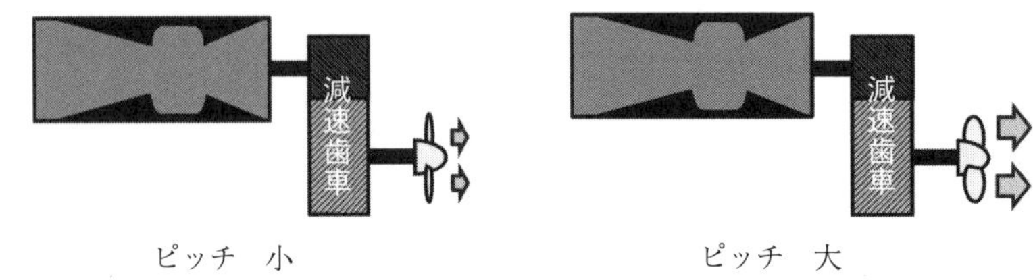

図 3.5.2　可変ピッチプロペラの作用

(2)　ウォータージェット推進（5.1.2参照）

ウォータージェットは大量の水を噴射する際の反力で推進するもので、中小型の高速舟艇に利用されている。高速運転時にも効率が低下しない反面、低速での効率はプロペラより悪くなる。

ウォータージェット推進だと、減速機を介さずガスタービンとポンプを直結でき、ガスタービンのパワーを活かした30ノットを超える高速航行が可能になる。

図 3.5.3　ウォータージェット推進機関
（資料提供：ナカシマプロペラ）

(3)　電気推進

電気推進は、発電機で発電した電気でモータを回し、プロペラを駆動するもので、次の利点がある。

①　機関配置の自由度が増し、ガスタービンを作業しやすい場所に配置できる。

②　低速運転や逆転が容易にできる。

③　減速機が要らない。

④　推進用電力の余剰分を補機の駆動や船内給電に利用でき、プラント全体をシンプルにできる。

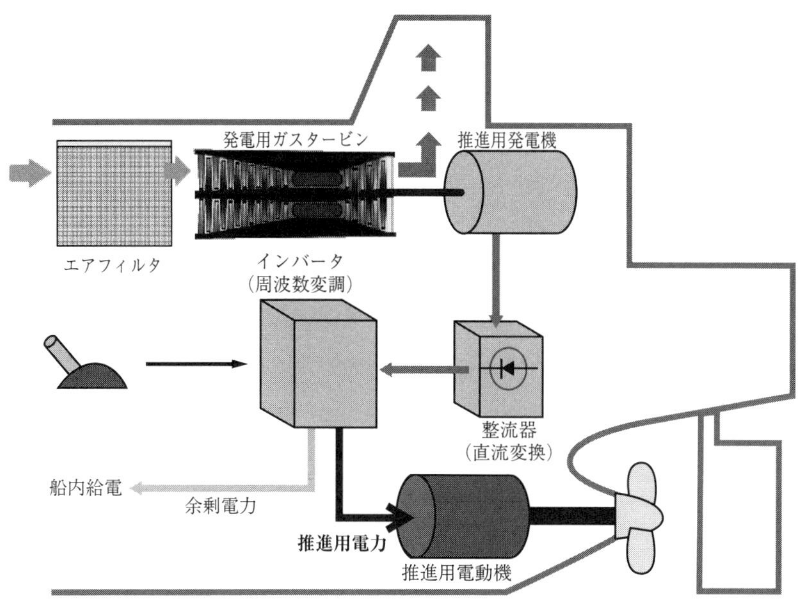

図 3.5.4　電気推進の構成

電気推進は推進用発電機と推進用電動機の組み合わせにより、直流方式、交直併用方式、交流方式に分類される。

直流方式

推進用発電機に直流発電機を、推進用電動機に直流整流子電動機を用いた方式である。直流発電機の励磁を変化させることで発生電圧を調整し、直流電動機の速度を制御する。ワード・レオナード方式とも呼ばれ、回路構成が簡易であるという利点があり、最も初期から使われてきた方式である。しかし、整流子の保守・点検に手間を要し、整流子のために電動機の回転数と容量に制限があるため、現在ではほとんど採用されていない。

交直併用方式

直流方式は整流子により電動機の回転数と容量に制限を受けることから、推進用発電機を交流の同期発電機としたものである。交流から直流へ変換するための整流器によって分類され、代表的なものとして次の 2 種類がある。

・サイリスタ・レオナード方式

整流器にサイリスタ・コンバータを使用する方式である。サイリスタ位相制御により、交直変換と合わせ出力電圧も調整し直流電動機の速度制御を行う。ただし電動機の容量および回転数に制限があり、また入力電源の高調波対策が必要とされる。

・AC-R-DC 方式

整流器にダイオードを使用する方式である。サイリスタ・レオナード方式と比較して電圧・電流の波形歪みが少なく、高調波によるノイズ障害を軽減できる。ただしダイオードには電圧調整機能がなく、発電機の励磁を調整して発生電圧を変化させなければならない。したがって余剰電力を補機駆動や船内給電に利用することは難しく、電動機の容量および回転数に制限がある点ではサイリスタ・レオナード方式と同様である。

交流方式

発電機・電動機ともに交流機とする方式である。電動機の制御は整流子を用いず電力変換回路を用い、可変電圧可変周波数制御によって行う。

・サイリスタ・モーター方式

交流から直流に変換したのち交流に再変換する方式である。主回路にサイリスタを装備するために高調波を発生して他機器への悪影響を及ぼす場合があり、出力できる周波数に制約がある。

・サイクロコンバータ方式

交流から別の周波数・電圧の交流に直接変換する方式である。出力周波数の最大値は入力周波数の1／3～1／2程度であり、また力率が悪いなどの課題がある。

・マトリックスコンバータ方式

自己消弧能力を持つ高速半導体デバイスで任意の電圧・周波数を出力する方式である。電圧波形を細かく切り刻むことで高調波抑制用のリアクトルを小型化でき、装置本体も大幅に効率化・小型化できると期待されている方式である。

(4)　その他の特徴

ガスタービンの採用により、NOx 排出量がディーゼル機関に比べて格段に低くなる可能性があり、抜本的な排気ガスのクリーン化（低 NOx 化）が期待できる。

また、日本では海上輸送の高度化や船舶の近代化が要請される中で、船舶の高速化、特に内航船舶については船内環境の改善、船内労働の軽減が求められている。軽量・小型、低振動・低騒音、メンテナンスの容易さというガスタービンの特徴がこれらの要請にも応え得る。

一方、燃費等の経済的な理由から、これまでのガスタービンは、船用としては特殊な用途に限定されていた。また、ガスタービン船の場合、ディーゼル船と比較して機関スペースが小さく、軽量になることで、船内一般配置、船型、推進システム選択等に大きな自由度が生れる。これにより、積荷量を増加させた船内一般配置、船形改良による船体抵抗低減の可能性もあり、船舶の総合的な経済性向上が期待されている。

最新の船用ガスタービンでは、以下の目標を掲げて開発されている。

①　NOx 排出量が 1 g/kWh 以下

②　熱効率が 38 ～ 40%

③　燃料油としてA重油を使用

この目標値は、NOx はディーゼル機関の約 1 /10、熱効率は高速ディーゼル機関とほぼ同等である。また、これらを同出力クラスの従来のガスタービンと比較しても、NOx 排出量では現状値（液体燃料焚）の 1 /3、熱効率では 10 ポイント、燃費で 3 割もの向上を目指すものである。

4　蒸気タービン

4.1　水及び蒸気の基本的性質

4.1.1　水及び蒸気の状態変化

熱力学で取り扱う動作流体は、理想気体と実在気体とに大別できる。内燃機関で取り扱う理想気体は、次の状態方程式が成立する。（P：圧力，V：体積，T：絶対温度，R：気体定数）

1 kg につき、PV ＝ RT・・・・(1)

m〔kg〕につき、PV ＝ mRT・・・・(2)

しかし、外燃機関で用いられる実在気体である水（水蒸気、以下蒸気とする。）は、その状態変化が加熱により固体→液体→気体と相変化し複雑な性質を持っている。ゆえに理想気体の状態方程式を満足せず、それにしたがっていない。加熱による変化を図 4.1.1 と図 4.1.2 に示す。

これらから圧縮水から過熱蒸気までの状態が理解できる。

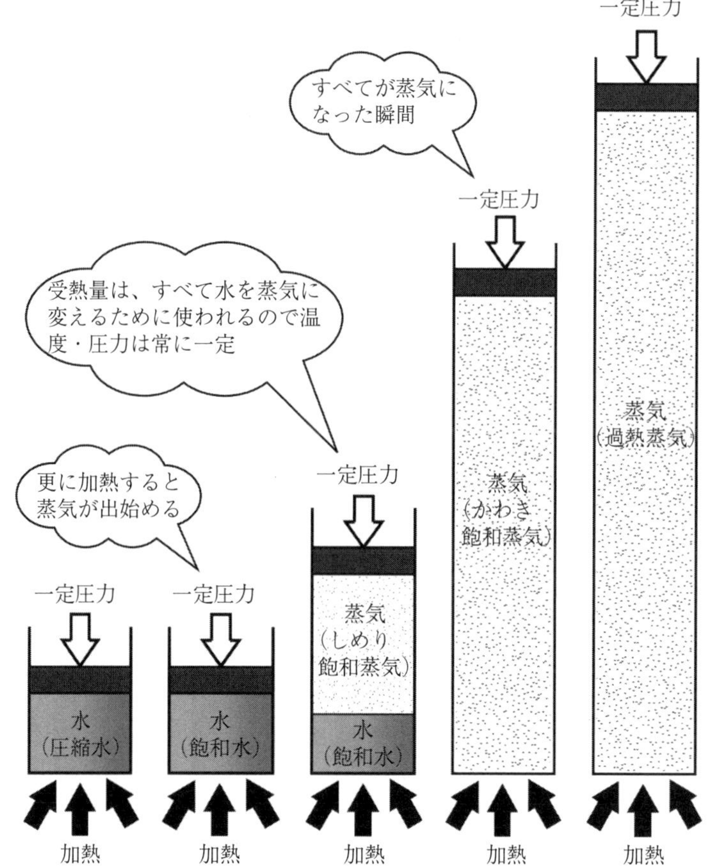

図 4.1.1　一定圧力における水及び蒸気の状態変化

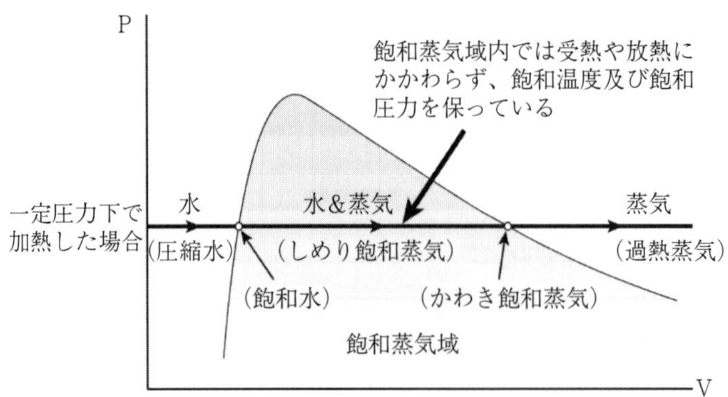

図 4. 1. 2　一定圧力における水及び蒸気の状態変化（P–V 線図）

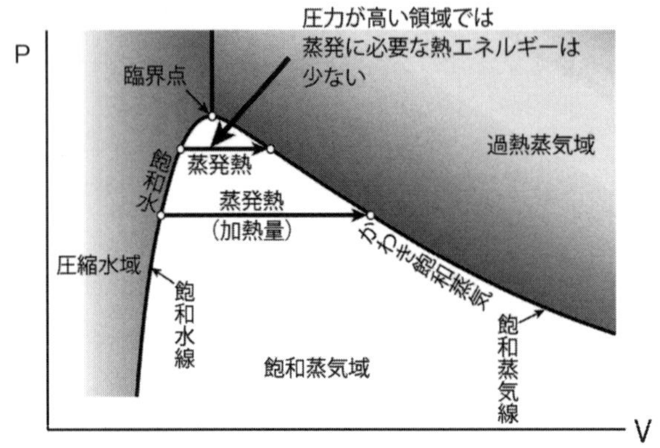

図 4. 1. 3　水及び蒸気の状態（P–V 線図）

次に図 4. 1. 3 より飽和水線上から等圧（水平方向）にかわき飽和蒸気線上までの長さが蒸発に要する加熱量（熱エネルギ）を示していることがわかり、圧力が高くなるに従い加熱量が少なくてすむようになる。最終的には水と蒸気の混合している状態（蒸発現象）が無く、水（液体）から蒸気（気体）に瞬時に変化する点が存在し、それが臨界点となる。各圧力に対して、飽和水となる点を結んだ飽和水線（水以外の液体のときは飽和液線）とかわき（かわき飽和）蒸気となる点を結んだ飽和蒸気線とは臨界点でつながっている。これらの曲線により分けられた領域が、圧縮水域、飽和蒸気域（しめり蒸気域ともいう）及び過熱蒸気域である。蒸気によるエネルギ変換を考えるときは、飽和蒸気域及び過熱蒸気域での動作流体の状態量を問題とする。

また、水の状態量 P、V 及び T の関係を図示すれば図 4. 1. 4 の 3 次元で表わすことができる。

動作流体としての蒸気の状態は飽和蒸気あるいは過熱蒸気であって熱エネルギを多量に持つものでなければならない。飽和蒸気（しめり蒸気）については、蒸気と水が混在しているためその割合を示す尺度が必要となる。それをかわき度 x として定義している。飽和蒸気 1 kg の中に、蒸気が x kg、水が（1−x）kg 含まれているときをかわき度 x または、しめり度（1−x）となる。よってかわき度により、飽和蒸気の中に蒸気がどのくらいできているかを知ることができる。飽和蒸気は飽和蒸気域においては蒸気が完全にかわくまでその飽和温度と圧力は一定に維持

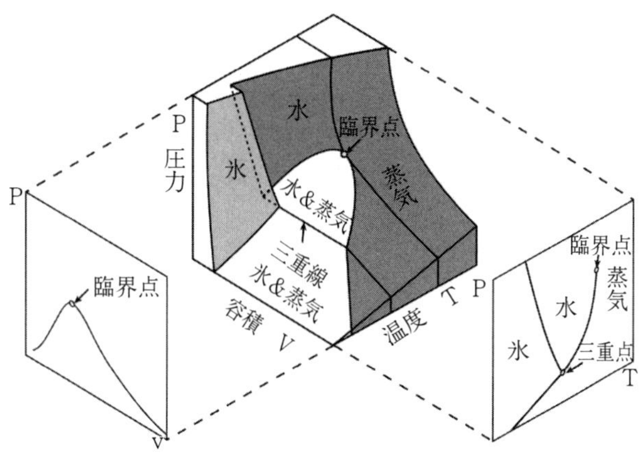

図 4.1.4 水の状態曲面（P–V–T 状態図）

したままである。これらから、かわき度 x の値の他に飽和温度か飽和圧力のうち一つが定まれば、蒸気の状態が判明する。

これを図 4.1.5 と図 4.1.6 に示す。

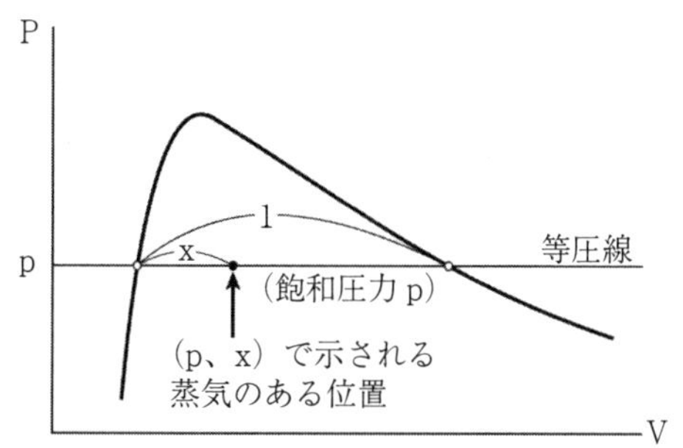

図 4.1.5 飽和蒸気の状態（等圧線）

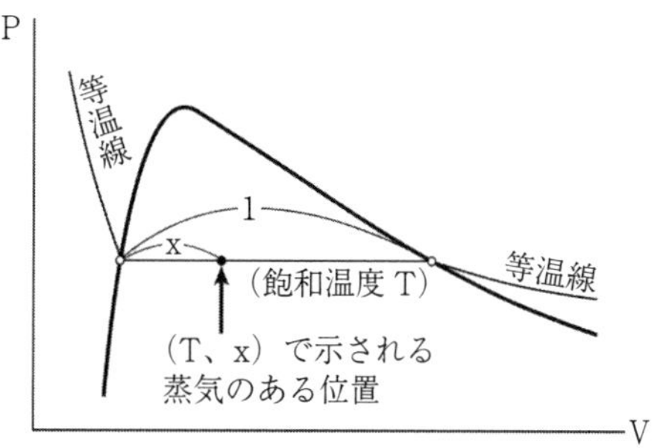

図 4.1.6 飽和蒸気の状態（等温線）

4.1.2 蒸気表とその使用法

熱力学の一般関係式を用いて蒸気の熱量的性質を求める式は複雑になる。そのため蒸気のもつエンタルピやエントロピなどの熱力学的諸性質を数量的に算出しようとすると多大な労力と時間が必要になる。そこで実験結果を用いて蒸気の熱力学的諸性質をあらかじめ詳細に計算し、まとめられた蒸気表（蒸気線図を含む）を活用する。 蒸気表には、①温度基準飽和蒸気表、②圧力基準飽和蒸気表、③圧縮水と過熱蒸気の表、④蒸気 h-s 線図（別紙）が収められている。

蒸気表で使用されている記号は以下のとおり。

飽和水　= v′, h′, s′

飽和蒸気（しめり蒸気）= v, h, s

かわき飽和蒸気　= v″, h″, s″

この蒸気表を用いてさまざまな計算が簡便に行える。

②の表の一部（表 4.1.1）を用いてその活用法を説明する。

表 4.1.1　圧力基準飽和蒸気表（抜粋）

飽和温度	圧力	比容積 m³/kg		比エンタルピ kJ/kg		
℃	MPa	飽和水	かわき飽和蒸気	飽和水	かわき飽和蒸気	蒸発熱
t	P	v′	v″	h′	h″	r = h″ − h′
100.00	0.101325	0.00104371	1.67300	419.064	2676.0	2256.9
252.95	4.180000	0.00125824	0.04754	1100.202	2799.5	1699.3

【問】標準大気圧　0.101325 MPa（760 mmHg）のもとで、水が完全に蒸気になると容積は何倍に膨張するか。

【答】かわき飽和蒸気の比容積／飽和水の比容積 = v″/v′ = 1.67300 /0.00104371 = 1602.9 倍

【問】標準大気圧のもとで、水を完全に蒸気に変えるには、どのくらいの加熱量が必要か。

【答】蒸発量を求めるのだから表から r = 2256.9 kJ/kg、あるいは等圧変化での加熱量はエンタルピの差に等しいため、加熱量 = h″ − h′ = 2676.0 − 419.064 = 2256.9 kJ/kg

【問】圧力 4.18 MPa で、かわき度 0.5 のしめり蒸気のもつ比エンタルピの大きさを求めよ。

【答】求める蒸気の比エンタルピ h は、図 4.1.7 から、

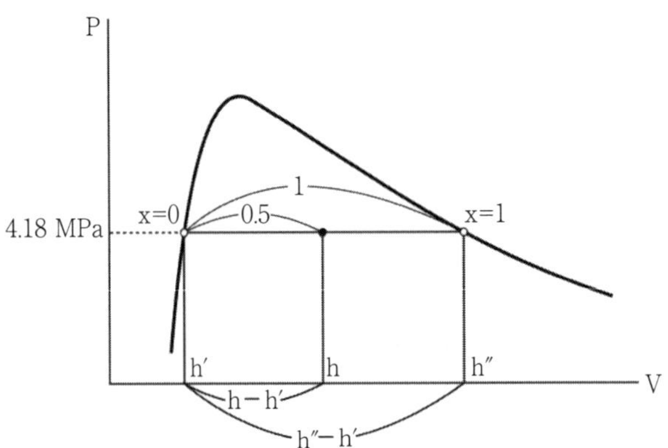

図 4.1.7　かわき度と比エンタルピ

(h − h′) / (h″ − h′) = 0.5 /1 ∴ h = h′ + 0.5(h″ − h′) = 1949.852 kJ/kg

③の表の一部（表 4.1.2）には、圧縮水と過熱蒸気のそれぞれの値が示されている。

表 4.1.2　圧縮水と過熱蒸気の表（抜粋）

温度 t℃	圧力 0.10 MPa 飽和温度 99.93 ℃			圧力 0.20 MPa 飽和温度 120.23 ℃		
	v	h	s	v	h	s
60	0.0010171	251.2	0.8309	0.0010171	251.2	0.8309
80	0.0010292	335.0	1.0752	0.0010291	335.0	1.0752
100	1.696	2676.2	7.3618	0.0010437	419.1	1.3068
120	1.793	2716.5	7.4670	0.0010606	503.7	1.5276
140	1.889	2756.4	7.5662	0.9349	2747.8	7.2298
160	1.984	2796.2	7.6601	0.9840	2789.1	7.3275
180	2.078	2835.8	7.7495	1.032	2830.0	7.4196
200	2.172	2875.4	7.8349	1.080	287.05	7.5072

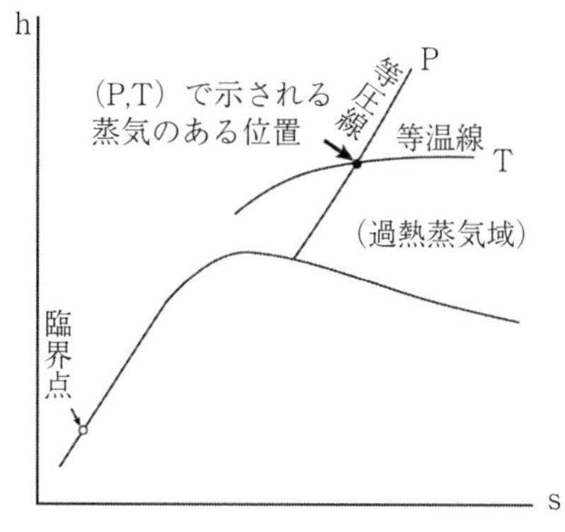

図 4.1.8 過熱蒸気の状態(h-s 線図)

④の図(図 4.1.8)の線図では過熱蒸気の二つの状態(圧力 P と温度 T)からその位置が決定することで座標から他の状態量を知ることができる。例えば等圧変化のもとでの加熱量(エンタルピ差)やノズル出口の蒸気速度(等エントロピ変化)やかわき度などである。

4.2 作動原理

4.2.1 作動概要

蒸気タービンとは、蒸気を膨張させることにより、蒸気の持つ熱エネルギを速度エネルギに変換し、高速となった蒸気を羽根車に吹きつけ回転させる装置である。高温高圧の蒸気をノズルまたは案内羽根を通して膨張させると、蒸気の熱エネルギが速度エネルギに変わり、蒸気が高速で噴出される。この高速蒸気流がタービン回転羽根の間を通過する際、蒸気の絶対速度は低下する。これは蒸気の速度エネルギがタービン回転羽根を回転させるのに使われるためである。

4.2.2 構成要素

蒸気タービンの構成要素を図 4.2.1 に示す。

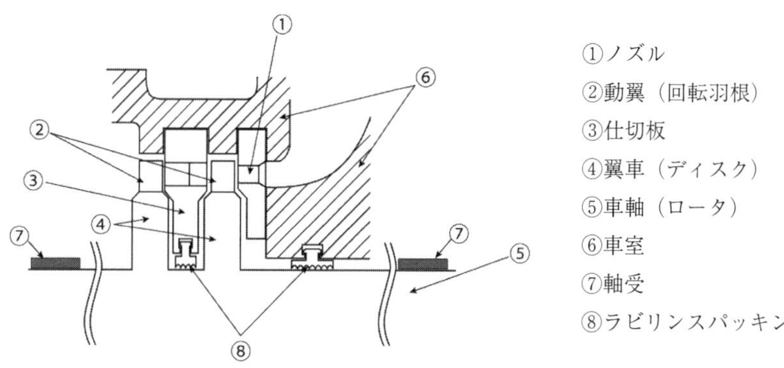

図 4.2.1 蒸気タービン構成要素

(1) ノズル

蒸気の圧力降下(膨張)により、蒸気の持つ熱エネルギを速度エネルギに変換させるための噴出孔。

(2) 動翼（回転羽根）

高速で噴出される蒸気を受け、その速度エネルギを回転エネルギに変換するための羽根。

(3) 翼車（ディスク）

回転羽根が取付けられている回転体。

(4) 車軸

車軸及びディスク全体をロータといい、一体形のものもある。

(5) 車室

内側にノズル、静翼が取り付けられており、動翼、ロータを囲んでいるもの。蒸気管及び排気管が取り付けられているとともに、車軸貫通部にラビリンスパッキンを設置し気密を保持する。

(6) 軸受

ロータを支持し、ロータ及び動翼の回転を容易にするもの。

(7) 仕切板

各段落を仕切るもので、外周部にノズルが組み込まれている。

4.3 蒸気プラント

蒸気プラントは、ボイラ、タービンのほか、多数の機器及びそれらをつなぐ各種配管系統から構成される総合プラントであり、熱効率を向上させるための様々な工夫が施されている。

プラントの動作流体は蒸気であり、この動作流体を大別すると主蒸気系、復水系及び給水系に分けることができる。それぞれの系は相互に密接な関係を保つとともに、更に、抽気、緩熱蒸気、ドレン、補給水等の系統と有機的に関連し合って一つの蒸気サイクルを形成している。

蒸気サイクルの概略は次のとおりである。

① ボイラで燃料油を燃焼させ、燃焼ガスの熱エネルギをボイラ水に伝達することにより蒸気が発生する。この蒸気は更にボイラ内の過熱器で加熱され過熱蒸気となる。

② 過熱蒸気は、プロペラ回転の原動力を得る主機や発電機を駆動するタービンに流入し、タービンノズル内でその保有熱エネルギは運動エネルギに変えられ、高速流動の蒸気が動翼に作用してタービンロータを回す。

③ タービン内で仕事を終え、終圧まで膨張した蒸気（排気）は、復水器において大量の海水で冷却され水に戻る（復水）。

④ 復水器内の復水は、復水ポンプによって吸入、加圧され、給水加熱器に送られる。

⑤ 給水は給水ポンプで吸入加圧され、ボイラに送り込まれる。

4.3.1 ランキンサイクル

蒸気サイクルの代表的なものにランキンサイクルがある。図4.3.1にシステム図として示す。また図4.3.2にはP-V線図及びT-s線図を示す。

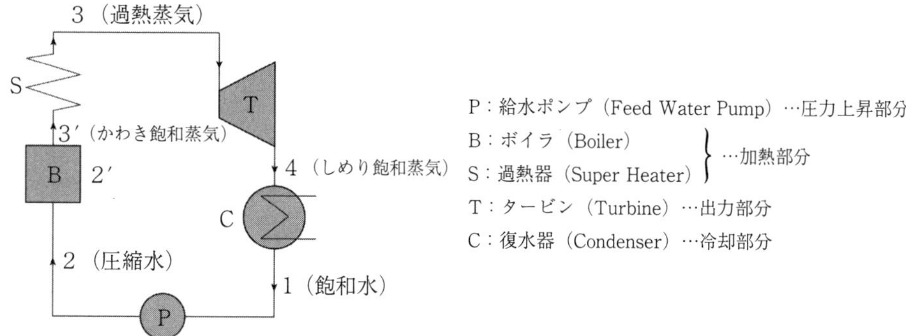

図4.3.1 ランキンサイクルのシステム図

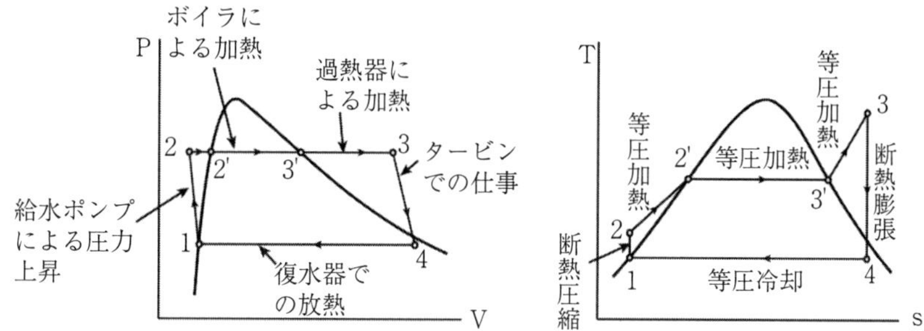

図4.3.2 ランキンサイクル（P–V線図、T–s線図）

タービン内での蒸気の仕事は断熱変化でありこれは等エントロピ変化でもあるためT-s線図上で、s軸に垂直方向で表示でき熱量の増減が理解しやすい。

1→2　復水器で凝縮してできた飽和水1は、給水ポンプで圧入され圧縮水2となり、ボイラ水となる。（断熱変化）

2→2′→3′　圧縮水2は、ボイラで加熱されて温度が上昇し飽和水2′となり、続いて蒸発を続け、しめり蒸気を経てかわき蒸気3′となる。（等圧変化）

3′→3　かわき蒸気3′は、過熱器に入り等圧のもとで温度が上昇し過熱蒸気3となる。（等圧変化）

3→4　多量の熱エネルギをもつ過熱蒸気3は、タービンに入り仕事をする。この間に蒸気のもつ熱エネルギはタービンの回転エネルギに変換される。タービンを出る蒸気は圧力、温度ともに下がり、しめり蒸気4となる。（断熱変化）

4→1　排出された蒸気は続いて復水器で冷却されもとの飽和水1に戻る。（等圧等温変化）

蒸気サイクルが繰返しサイクル仕事をするためには、ボイラ及び過熱器で受け取った受熱量のおよそ半分もの熱量を、復水器において器内を通る冷却水により奪われてしまう。しかしこの放熱があってこそサイクル仕事を繰返し行うことができる。

［ランキンサイクルの熱効率］

ランキンサイクルの理論熱効率 η は、それぞれの位置での蒸気のエンタルピの値を用いることで求められる。すなわち

η ＝サイクルでする仕事量／サイクルでの受熱量

＝（(タービンで発生する仕事量）－（給水ポンプの仕事量))／(ボイラでの受熱量）＋（過熱器での受熱量）

$= ((h_3 - h_4) - (h_2 - h_1)) / (h'_3 - h_2) + (h_3 - h'_3)$・・・・(1)

［ランキンサイクルの熱効率の向上］

一般的にサイクルの熱効率を向上させるには、高熱源 Q_1 からの受熱量を多くするか低熱源 Q_2 へ捨てる熱量を少なくするかである。

ランキンサイクルの熱効率を向上させるためには、式(1)を変形して

$\eta = 1 - ((h_4 - h_1) / (h_3 - h_2))$

$= 1 - ((h_4 - h_1) / (h_3 - h_1))$

とする。

給水ポンプの仕事量を W_{pump} とすると、

$W_{pump} = \int_1^2 p \cdot dV$　となるが、圧縮水の比容積が小さいため $\fallingdotseq 0$ といえる。

すなわち、$h_2 \fallingdotseq h_1$ といえる。

この式から、熱効率は過熱蒸気のエンタルピ h_3 とタービン出口の排気エンタルピ h_4 の値によって定まることがわかる。すなわち、高熱源のタービン入口での蒸気の圧力（初圧)、温度（初温）と低熱源のタービン出口の圧力（背圧）が影響する。

4.3.2　再生サイクルと再熱サイクル

蒸気サイクルの熱効率を向上させるためには上記三つの条件を改善することであるが、それぞれに制約がある。高熱源のタービン入口で初圧を上げると膨張中に早く湿り域に入り、タービン出口の蒸気状態で湿り度が大きくなる問題があり、初温を上げる場合では構造・材質上における使用材料の強度問題が生じる。また、低熱源のタービン出口の圧力（背圧）を低くするためには真空ポンプ又は抽気エゼクタの性能を上げなければならないが、この場合でも復水器の冷却水温度に相当する飽和圧力が下限となる。加えて、低圧部での蒸気の比容積や湿り度が増加し、タービン低圧部への構造上の問題または羽根への不具合が発生する。

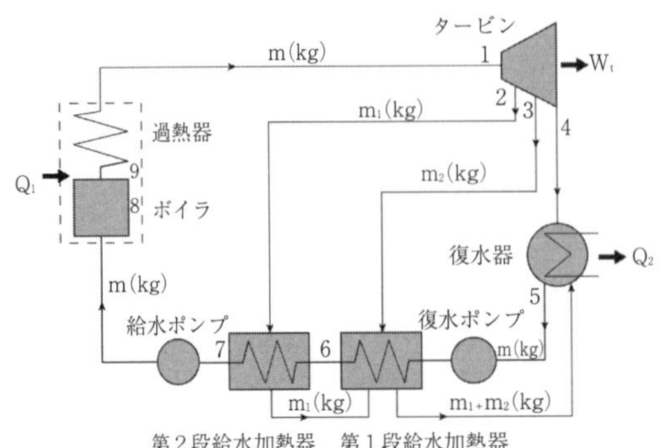

図 4.3.3　再生サイクル構成図

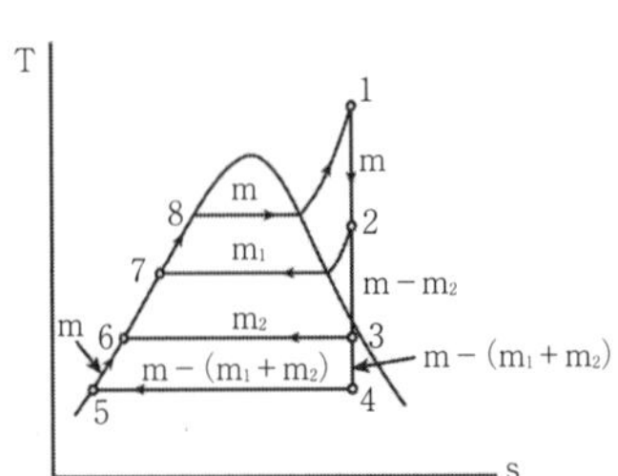

図 4.3.4　再生サイクル
（2 段抽気、T-s 線図）

これらの問題を解決するには、①タービン途中から蒸気を取り出して給水の加熱に利用して低熱源への放熱量を小さくする。②高熱源での初圧を高める場合は、タービン途中から蒸気を取り出して再度ボイラで加熱してタービンに戻すことにより、タービン出口での湿り度を小さくするなどの方法がある。

①の方法を再生サイクルとよび、図 4.3.3 にサイクル構成図と図 4.3.4 に T-s 線図を示す。

②の方法を再熱サイクルとよび、図 4.3.5 にサイクル構成図と図 4.3.6 に T-s 線図を示す。

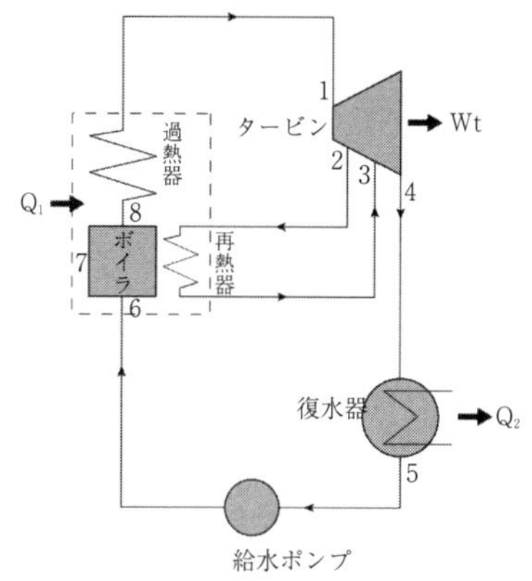

図 4.3.5　再熱サイクル構成図

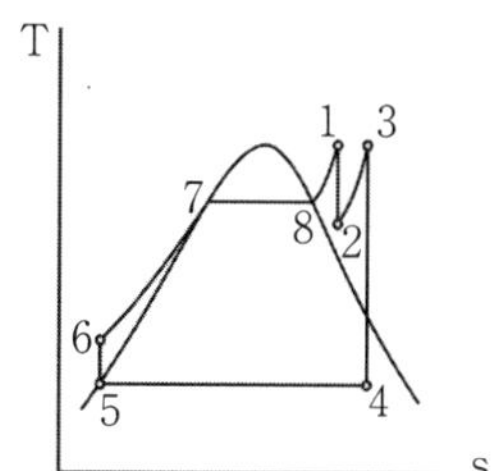

図 4.3.6　再熱サイクル（T–s 線図）

またこれらを組み合わせた再熱再生サイクルもある。

4.4　性能

4.4.1　出力と効率

ディーゼル機関では、効率を求める際に図示出力、ブレーキ出力及び軸出力を用いるが、蒸気タービンでは、主に軸出力を用いて各種効率を求める。

以下に、各種効率について示す。

① タービン有効効率　η_e

有効仕事と理論仕事の比で表される。ここで有効仕事とは、軸端で得られる出力すなわち軸出力を示し、理論仕事とは蒸気の理論熱落差を示すことから、タービン有効効率 η_e は、次式で表すことができる。

$$\eta_e = \frac{\text{軸出力}}{\text{蒸気の理論熱落差}}$$

＊この場合の熱落差は、タービン入口における蒸気のエンタルピとタービン出口における蒸気のエンタルピとの差をいう。

② タービン内部効率　η_i

内部仕事と理論仕事の比で表される。タービン内では、蒸気がノズルや回転羽根を通過する際の摩擦及び回転羽根先端と車室との隙間からの漏洩等による損失があり、実際の仕事は理論仕事からこれらの損失を引いたものとなる。これを内部仕事という。

タービン内部効率 η_i は、次式で表すことができる。

$$\eta_i = \frac{\text{蒸気の実際の熱落差}}{\text{蒸気の理論熱落差}}$$

③　機械効率　η_m

有効仕事と内部仕事の比で表される。機械効率 η_m は、次式で表すことができる。

$$\eta_m = \frac{\text{軸出力}}{\text{蒸気の実際の熱落差}}$$

④　全熱効率　η_{total}

軸端で得られる出力と実際にボイラで消費する燃料の保有エネルギの比で表される。

全熱効率 η_{total} は、次式で表すことができる。

$$\eta_{total} = \frac{\text{軸出力}}{\text{ボイラで燃焼させた燃料油の総発熱量}}$$

4.4.2　一般的な特徴

(1)　機関室

ボイラや復水器等、付帯設備が必要となり、機関室を広くしなければならない。

(2)　燃費、経済性

同出力のディーゼル機関に比べ、燃料消費率が大きく、経済性には劣る。

(3)　運転特性

ボイラで発生させた蒸気の流量を変えることにより、出力調整をするため、出力応答が悪い。

(4)　保守性、信頼性

蒸気タービン自体は特別なメンテナンスを必要としない。また、ディーゼル機関に比べ摺動部が少ないため、信頼性が高い。

(5)　環境保護

重油炊きボイラを使用する場合は、燃料として低質油を使用するため、NOx 及び SOx の排出量が多くなり、環境負荷が大きいが、LNG 船のように天然ガスを燃料として使用する場合は、NOx 及び SOx の排出量が少なく、環境負荷が小さい。

4.4.3　船用機関としての特徴

(1)　メリット

①　燃料の選択肢が広い。

②　摺動部が少なく、信頼性が高い。

③　回転運動のため、振動が少ない。

④ 同じ出力のディーゼルエンジンと比べた場合、小型である。

⑤ 荒天航海に強い。

⑥ 運転音が静か。

⑦ LNG 船の場合、積荷の LNG が気化したボイルオフガスを燃料として使用することができる。

(2) デメリット

① ボイラ水の補給・管理が常に必要。

② 効率の良い回転域が狭い。

③ 熱効率を高めたまま小型化するのが困難。

④ 暖機、冷機に時間を要する。

⑤ 熱効率が悪い。

5　プロペラ

5.1　推進器の種類

プロペラとは、総称的に動力の供給を受けて船舶を推進させる装置を意味するが、一般的には、スクリュープロペラを意味することが多い。船舶の推進器としては、この他にウォータージェット推進装置、フォイトシュナイダプロペラおよび外輪車などがある。

5.1.1　スクリュープロペラ

構造が簡単で性能も優れているため、最も広く使用されている。

スクリュープロペラには、固定ピッチプロペラ（FPP : Fixed Pitch Propeller）の他に、形状、機能などで分類すると次のような特殊なプロペラがある。

(1)　可変ピッチプロペラ（CPP : Controllable Pitch Propeller）

プロペラボスに対して、羽根の角度を変更できるプロペラである。プロペラの回転方向が一定のままでも、プロペラピッチを制御することで、船を前進、停止および後進にさせることができるとともに各速力調整も容易にできる。

一方、変節機構をプロペラ軸およびボスに内蔵するため、構造が複雑かつボスが大きくなり、プロペラ効率は固定ピッチプロペラに比べて低くなる。

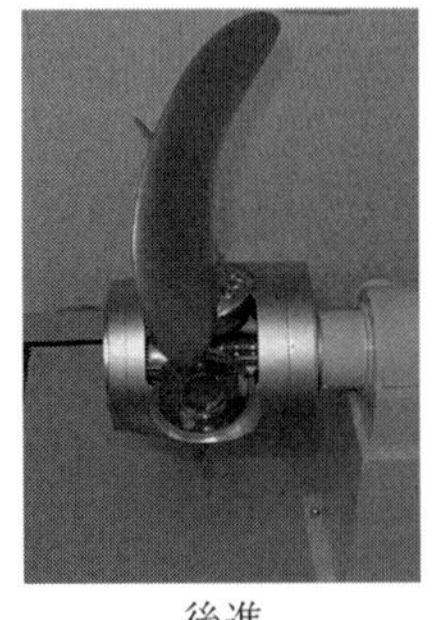
後進

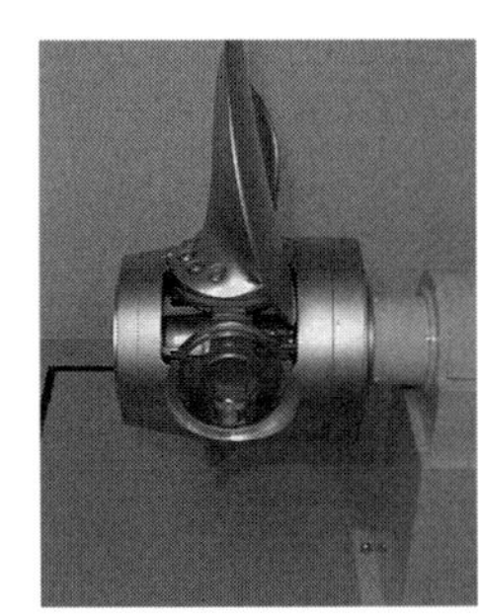
中立

前進

図 5. 1. 1　可変ピッチプロペラ

(2)　ハイスキュープロペラ（Highly Skewed Propeller）

スキュー角とはプロペラ羽根投影図において、プロペラ軸中心 O と羽根幅中心線の羽根先端の点を結ぶ直線 OA とプロペラ軸中心から羽根幅中心線へ引いた接線 OB がなす角度である。その角度が、約 25 度以上のものをハイスキュープロペラと呼んでおり、プロペラ起振力の軽減やキャビテーションの抑制に効果がある。

(3)　二重反転プロペラ（CRP : Contra Rotating Propeller）

同一軸上の前方、後方に 2 組のプロペラを取り付けたもので、適当な逆転機構によって互い

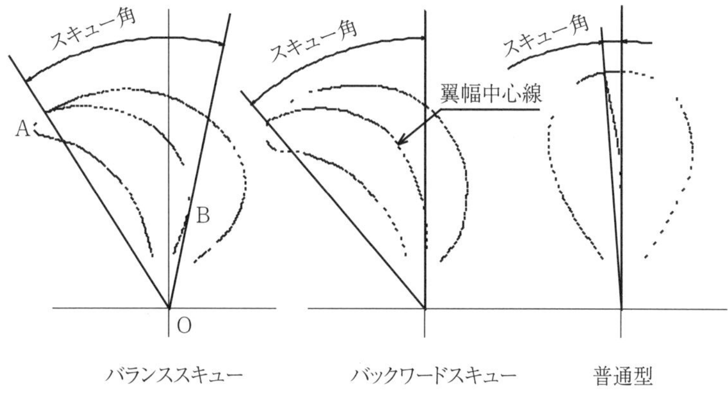

図 5.1.2 スキュー角の違い

に反対方向に回転させ、効率の向上を図ったものである。

従来のプロペラと後述のポッド式プロペラを組み合わせて、二重反転プロペラを構成するものもある。

プロペラが1組の場合、プロペラ軸の回転エネルギの約1/3は、プロペラ後方の旋回流として損失になる。この旋回流のエネルギを、逆回転する後方のプロペラで回収して推進力に変えることで、回転流によるロスがなくなるとともに、各プロペラが受け持つ荷重も軽減するので、通常のプロペラよりも推進効率を高めることができる。(図 5.1.3(a))

(4) ポッド推進器

繭（ポッド）形をした回転楕円体の中にプロペラの駆動装置を納め、水平方向に360°回転するポッドにプロペラを装着したものである。

舵を必要とせず、任意の方向に推力を発生させることができるので、タグボートなど作業船に採用されているほか、近年ではクルーズ客船にも使用されている。(図 5.1.3(b))

(a) 二重反転プロペラ

(b) ポッド推進器

図 5.1.3 特殊プロペラ

5.1.2 ウォータージェット

船外から吸い込んだ水をポンプ（インペラおよびディフューザ）によって加圧し、船尾部のノズルから高速で噴出させ、その反動力によって船を推進させる。

ノズルから噴射された水流は、舵の働きをするデフレクタによって左右に転向させ、またリバーサ（バケット）によって水流の方向を転向し、船を後進させたり中立位置にしてポンプ回転時でも船体を停止状態にすることができる。

張出軸受や舵などの船体付加物がないため、浮流物との衝突などによる損傷の可能性が低く、浅瀬航行が可能である。また、プロペラ船と比較して高速運航時の船体抵抗が少なく、低騒音、低振動であることから、高速艇に適している。一方、20 ノット程度の低速領域ではスクリュープロペラに比べて効率はかなり低い。

ウォータージェット推進装置の一例を図 5.1.4 に示す。

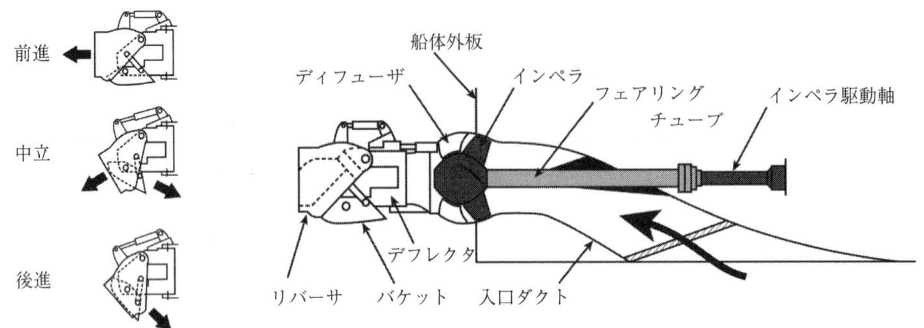

図 5.1.4　ウォータージェット推進装置

5.1.3　フォイトシュナイダプロペラ

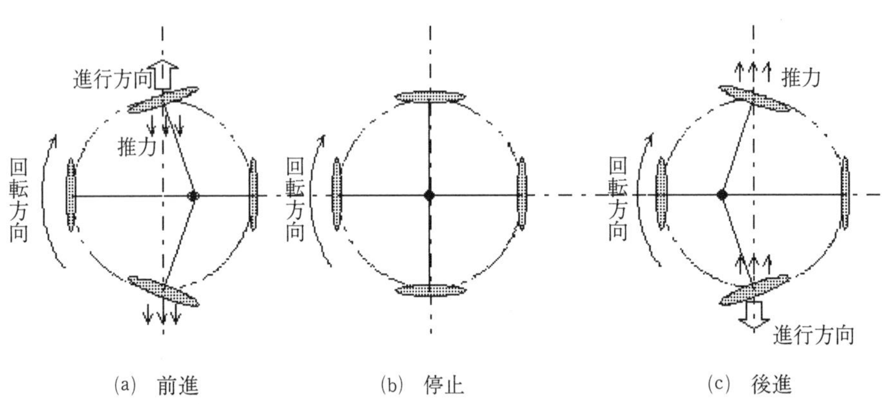

シュナイダープロペラ（独フォイト社製）　(Voith AG, Heidenheim)

図 5.1.5　フォイトシュナイダプロペラの構造と作用

図5.1.5に示すように、船底部の垂直軸のまわりに回転する円盤がはめ込まれ、この円盤の周縁に櫓の先端のような形（すき形）をした4～6枚の翼が垂直に取り付けられている。この翼の角度を制御し、一方向へ推力が発生するようにして船の推進力を得ている。

機関を一定速度で回転させたままでも前進、停止および後進が可能であると共に、速力の調整、旋回および横移動が容易であり、操縦性能に優れている。

5.2　プロペラの材料

プロペラは水中で回転し大きなスラストを受けるため、その材料には十分な信頼性が求められ、次のような性質が必要とされる。

① 機械的強度を有し、強じんであること
② 疲労強度があること
③ 腐食（コロージョン）、浸食（エロージョン）に対して強いこと
④ 鋳造が容易であること

これらの要件を満たすものとして、現在では広くアルミニウム青銅鋳物（CAC703）が使用されている。この他には、高力黄銅、ステンレス鋼などが使用される。

5.3　プロペラ羽根断面形状及びキャビテーション

5.3.1　羽根断面形状

通常使用される羽根断面形状は、エーロフォイル型（飛行機翼型）又はオジバル型（円弧型）である。両者にはそれぞれ次のような特徴があり、近年ではキャビテーション対策として、ボスに近い部分にはエーロフォイル型を使用し、周速が大きくキャビテーションが起こりやすい翼先端部分をオジバル型としているものが多い。

また、高速船ではよりキャビテーションが起こりにくい形状のものも使用されている。

(1)　エーロフォイル型

プロペラ効率は良いが、背面圧力の最低圧力が低く、前縁近くにピークがあるので、キャビテーションが起こりやすい。

(2)　オジバル型

圧力面が平坦で背面が円弧状をしており構造が簡単であることから、古くからモータボートなどに使用されている。エーロフォイル型に比べて効率は劣るが、背面の負圧分布に大きなピークがなく、キャビテーション性能が良い。

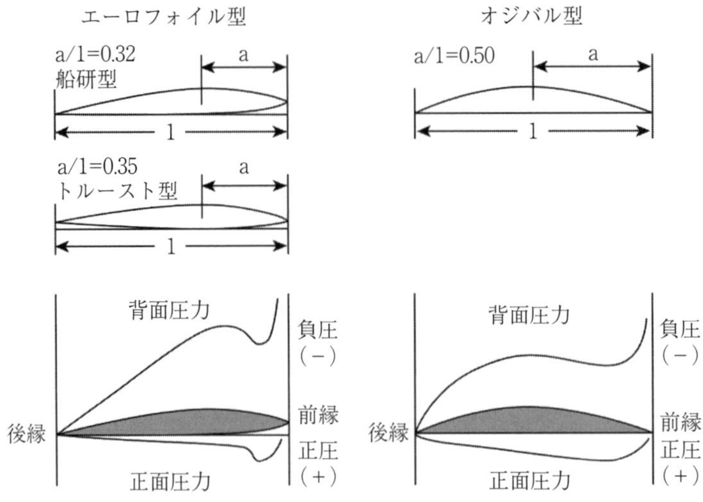

図 5. 3. 1　羽根断面形状と圧力分布

5. 3. 2　プロペラのキャビテーション

プロペラが回転するとき、羽根背面の圧力は低くなり、ある圧力より低下すると空洞が発生する。この現象をキャビテーションという。(図 5. 3. 2(A))

この空洞が羽根に沿って下流に流れ、圧力が上昇すると瞬間的に崩壊する。この衝撃圧によって羽根面が侵食されることをキャビテーションエロージョンといい、図 5. 3. 2(B) に示すように空洞部の下流に生じる。

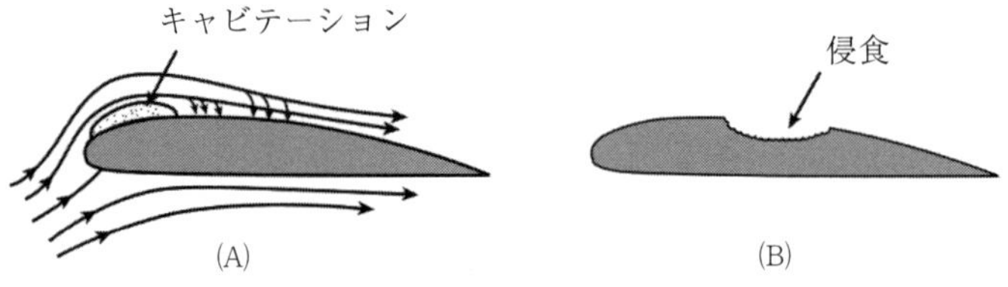

図 5. 3. 2　キャビテーションエロージョン

5. 4　プロペラの腐食

プロペラの材料として使用される高力黄銅鋳物は、主成分が銅と亜鉛である。亜鉛は銅よりイオン化傾向が大きいため、海水中で局部電池作用によって亜鉛が侵されると、銅だけが残ることになる。これを脱亜鉛現象という。

このような局部電池作用は異種金属間だけでなく、同一金属でもその組織や成分の不均一、溶接補修したときの熱影響部のひずみによっても起こる可能性がある。

5. 5　プロペラの型式

プロペラの型式には、同一の材料で羽根とボスを一体鋳造した一体型と、羽根とボスを別々に鋳造して組み立てた組立型がある。いずれもボスの内面は、プロペラ軸の円すい部（コーンパート）に嵌合し、ナットによって締め付けられている。嵌合部にキーを使用したものもあるが、ほとんどの大型船には、キーを使用しないキーレスプロペラが採用されている。

更にナットを保護し、プロペラからの水流を整流するためにキャップが取り付けられ、キャップ内部には海水の浸水を防ぐためグリースが詰められている。

キー付プロペラを図 5.5.1、キーレスプロペラを図 5.5.2 に示す。

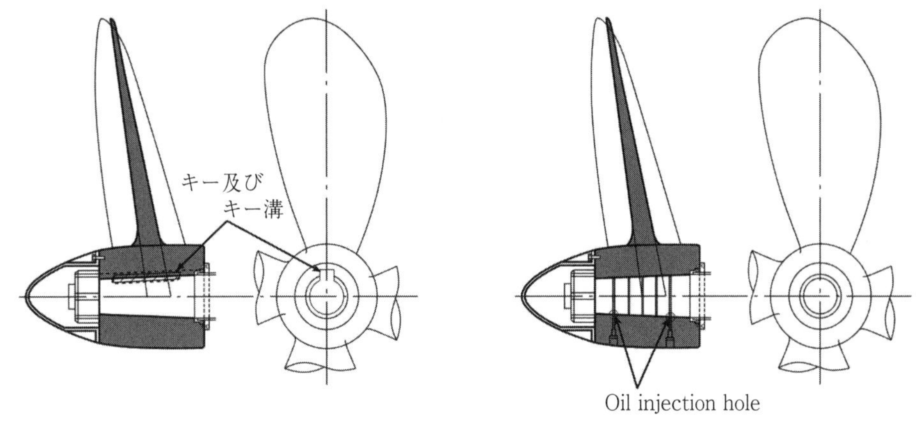

図 5.5.1　キー付プロペラ　　　図 5.5.2　キーレスプロペラ

5.6 プロペラの各部名称と用語

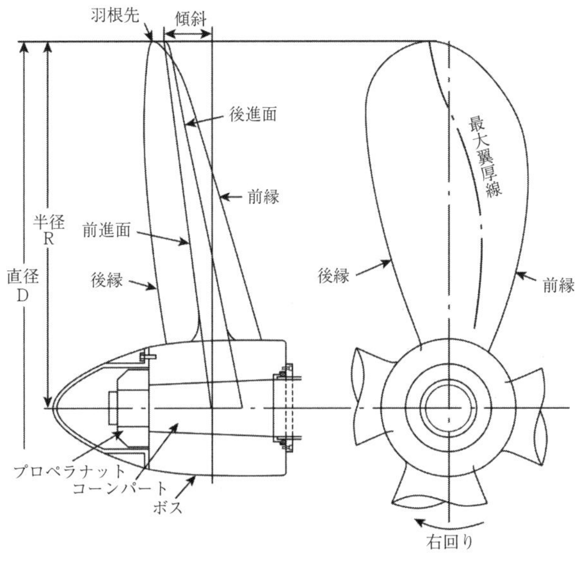

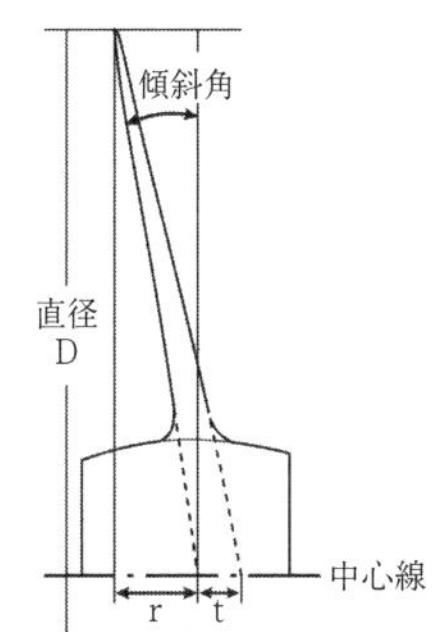

図 5.6.1　プロペラの各部名称　　　図 5.6.2　プロペラの傾斜

① 直径：プロペラが 1 回転したとき、羽根先端が描く円の直径をいう。

② ピッチ：プロペラが 1 回転したとき、羽根上の任意の点が軸方向に移動する距離をいう。一般的に 0.7 R を平均ピッチと呼んでいる。

③ 傾斜（レーキ）：プロペラ軸に対する羽根の傾斜を意味し、傾斜角は通常 10 ～ 15° である。図 5.

6.2に示すr/Dを傾斜比という。

④　前縁と後縁：プロペラが前進回転する場合、水を切る縁を前縁といい、その反対の縁を後縁という。

⑤　前進面と後進面：プロペラが前進回転する場合、水をける方の面を前進面、反対面を後進面という。

⑥　全円面積：プロペラが回ったとき、羽根先が描く円の面積で、円板面積ともいう。

⑦　展開面積：プロペラの前進面を一平面上に展開した面積の合計から、ボス面積を除いたものをいう。

⑧　投影面積：羽根を回転軸に直角な平面に投影した面積をいう。

⑨　面積比：⑦、⑧それぞれを⑥で割ったものをいう。

$$\text{展開面積比} = \frac{\text{展開面積}}{\text{全円面積}} \qquad \text{投影面積比} = \frac{\text{投影面積}}{\text{全円面積}}$$

⑩　ピッチ比：ピッチを直径で割った値で、普通0.5～1.2の範囲にある。

5.7　伴流及びスリップ

プロペラ速度V_pは、次の式で表される。

$$V_p = P \times n$$

プロペラ速度と船体速度との差を見掛けのスリップといい、通常%で表す。

$$\text{見掛けのスリップ}(S_a) = \frac{V_p - V_s}{V_p} \times 100 = \frac{P \cdot n - V_s}{P \cdot n} \times 100\ [\%]$$

V_p：プロペラ速度〔m/s〕　　P：プロペラピッチ〔m〕

V_s：船速〔m/s〕　　n：プロペラ回転速度〔sec^{-1}〕

船でいうスリップとは、一般にこの見掛けのスリップを意味する。

船が進行するとき、船体周囲の水は引きずられて進行方向についてくるが、この流れを伴流という。船の長さに比べて幅の広い船や排水量の大きいものほど、船尾における伴流は大きくなり、周囲の水に対する実際のプロペラの前進速度は、船体の速度とは異なるものになる。

仮に10ノットで航走している船で、船尾の伴流速度が3ノットとすれば、プロペラの周囲の水に対する速度は7ノットであり、これをプロペラ前進速度という。

また、伴流の作用を考慮に入れたスリップを真のスリップといい、伴流の速度をuとすれば、

$$\text{真のスリップ}(S_r) = \frac{V_p - (V_s - u)}{V_p} \times 100 = \frac{V_p - V_a}{V_p} \times 100\ [\%]$$

V_a：プロペラ前進速度〔m/s〕　　u：伴流〔m/s〕

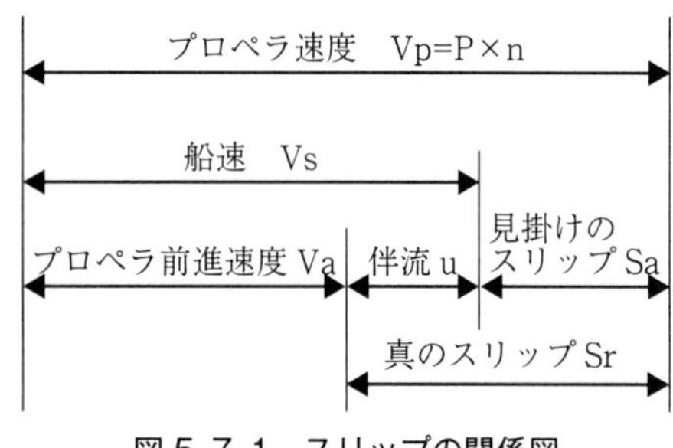

図 5.7.1　スリップの関係図

5.8　プロペラの効率

(1)　伝達効率

$$伝達効率（\eta_t）=\frac{DHP}{BHP}\fallingdotseq 0.95 \sim 0.97$$

BHP：ブレーキ出力（機関の出力端の出力）

DHP：伝達出力（プロペラに伝達される正味の出力）

(2)　プロペラ効率及びプロペラ効率比

$$プロペラ効率（\eta_p）=\frac{THP}{DHP}\fallingdotseq 0.45 \sim 0.54$$

THP：推力出力（プロペラが回転したときに発生する出力）

$$プロペラ効率比（\eta_r）=\frac{\eta_p}{\eta_{p'}}$$

$\eta_{p'}$：プロペラ単独効率（プロペラを単独で作用させたときのプロペラ効率）

船に取り付けられたプロペラは、伴流の中で作用するほか、船尾付近の船体形状などによって性能が変化するため、単にプロペラだけを水中で回転させた場合に比べてその性能は異なる。

(3)　船体効率

$$船体効率（\eta_h）=\frac{EHP}{THP}\fallingdotseq 1.05 \sim 1.20$$

EHP：有効出力（船体がある速度で航走するために必要な正味出力）

(4)　推進効率

プロペラに加えられた出力のうち、実際に船を推進させるために使われた出力の割合を示す。

$$\eta=\frac{THP}{DHP}\times\frac{EHP}{THP}=\frac{EHP}{DHP}=\eta_p\times\eta_h=\eta_{p'}\times\eta_r\times\eta_h\fallingdotseq 0.5 \sim 0.7$$

6　ポンプ

6.1　ポンプの種類

ポンプとは、外部から仕事をさせ、そのエネルギを高めることによって液体を低水位（低圧力）から高水位（高圧力）に移動させる機械である。そこでそのポンプの形式によって大きく三つに分類することができる。一つは羽根車を使って液を連続的に流動させ、液の慣性力を利用して昇圧するターボ形ポンプ、二つめは一定の空間に液を閉じ込め、これを押し出す容積形ポンプ、その他、以上の二つとは全く異なった方法でポンプ作用をする特殊ポンプに分けられる。これらのポンプは更に次のように分類される。

表 6.1　ポンプの種類

<table>
<tr><td rowspan="4">ターボ形ポンプ
（非容積形ポンプ）</td><td rowspan="2">遠心ポンプ</td><td>渦巻ポンプ</td><td rowspan="2">単段片吸込式
単段両吸込式
多段式</td></tr>
<tr><td>タービンポンプ
（ディフューザポンプ）</td></tr>
<tr><td colspan="3">斜流ポンプ</td></tr>
<tr><td colspan="3">軸流ポンプ</td></tr>
<tr><td rowspan="8">容積形ポンプ</td><td rowspan="3">往復動ポンプ</td><td colspan="2">ピストンポンプ</td></tr>
<tr><td colspan="2">プランジャポンプ</td></tr>
<tr><td colspan="2">ダイヤフラムポンプ</td></tr>
<tr><td rowspan="5">回転ポンプ</td><td colspan="2">歯車ポンプ</td></tr>
<tr><td rowspan="2">ねじポンプ</td><td>スクリューポンプ</td></tr>
<tr><td>スネークポンプ</td></tr>
<tr><td rowspan="2">偏心ポンプ</td><td>ベーンポンプ</td></tr>
<tr><td>ロータリーポンプ</td></tr>
<tr><td rowspan="5">その他</td><td>摩擦ポンプ
（か（渦）流ポンプ）</td><td colspan="2">カスケードポンプ（ウエスコポンプ）</td></tr>
<tr><td>噴流ポンプ</td><td colspan="2">ジェットポンプ</td></tr>
<tr><td>気泡ポンプ</td><td colspan="2">エアリフトポンプ</td></tr>
<tr><td rowspan="2">真空ポンプ</td><td rowspan="2">水封じポンプ</td><td>ナッシュポンプ</td></tr>
<tr><td>エルモポンプ</td></tr>
</table>

6.2　ポンプの性能

6.2.1　総揚程

ポンプの吸込み水面と吐出水面の垂直距離を実揚程という。

また、ポンプの総揚程（全揚程）（Total Head）とは、吐出口と吸込口における全水頭の差で与えられる。全水頭とは、圧力水頭と速度水頭の和である。

すなわち、総揚程〔m 液柱〕H は、

$$\mathrm{H} = \left\{ h_d + \frac{v_d^2}{2g} \right\} - \left\{ h_s + \frac{v_s^2}{2g} \right\}$$

ここで

h_d：基準面に換算した吐出圧力〔m 液柱〕

v_d：吐出管内平均流速〔m/s〕

h_s：基準面に換算した吸込圧力〔m 液柱〕〔真空のとき（−）、大気圧以上のとき（+）〕

v_s：吸入管内平均流速〔m/s〕

g：重力の加速度〔m/s²〕

吐出計の指度を G_1 MPa、吸込計の指度を G_2 MPa、揚液の密度を ρ〔kg/m³〕とすると

$h_d = 1000\,G_1/(\rho \cdot g) + h_1$、$h_s = 1000\,G_2/(\rho \cdot g) + h_2$

ゆえに、

$$H = \frac{1000\,G_1}{\rho \cdot g} - \frac{1000\,G_2}{\rho \cdot g} + h_1 + h_2 + \frac{v_d^2}{2g} - \frac{v_s^2}{2g}$$

$$H = h_d' + h_s' + h_1 + h_2 + \frac{v_d^2}{2g} - \frac{v_s^2}{2g}$$

吐出管と吸込管が同径のときは $v_d = v_s$ なので、

$$H = h_d' + h_s' + h_1 + h_2$$

となる。以上の関係を液柱で表すと図 6.2.1 のようになる。

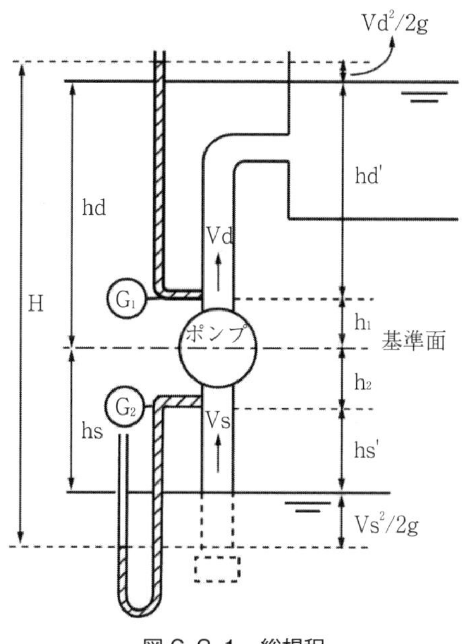

図 6.2.1　総揚程

6.2.2　ポンプ効率（Pump Efficiency）

ポンプが液になす仕事を水動力 W と称し、ポンプの入力、軸動力 PW との比をポンプ効率 η という。

水動力 W は、実吐出量を Q〔m³/min〕、揚程を H〔m 液柱〕、揚液の密度を ρ〔kg/m³〕とすると、

$$W = \rho \cdot g\,\mathrm{QH}/60\,(\mathrm{W})$$

で示され、ポンプ効率 η は、

$$\eta = W/PW = \rho \cdot g\,QH/60\,/PW$$

で示される。

ポンプ効率に影響する損失には次のようなものがある。

① 機械損失：軸受、軸封装置などにおける摩擦損失

② 円板摩擦損失：インペラ外側など、流体の通路以外における摩擦損失

③ 漏えい損失：外部及び内部での漏えい損失

④ 水力損失：流体がケーシング及びインペラ内部を通過するときの摩擦及び渦などによる損失

6.2.3 正味吸込みヘッド（NPSH : Net Positive Suction Head）

正味吸込みヘッドはポンプ基準面において、液体がもつ全圧（絶対圧）が、液体の飽和蒸気圧（絶対圧）よりどれだけ高いかをヘッドで表したものである。（特殊流体あるいは水温が高い場合は、飽和蒸気圧力に相当する水頭を差し引く。）

それぞれのポンプには必要な NPSH が定められており、それ以上の NPSH がないと、キャビテーションにより規定の性能を発揮できない。

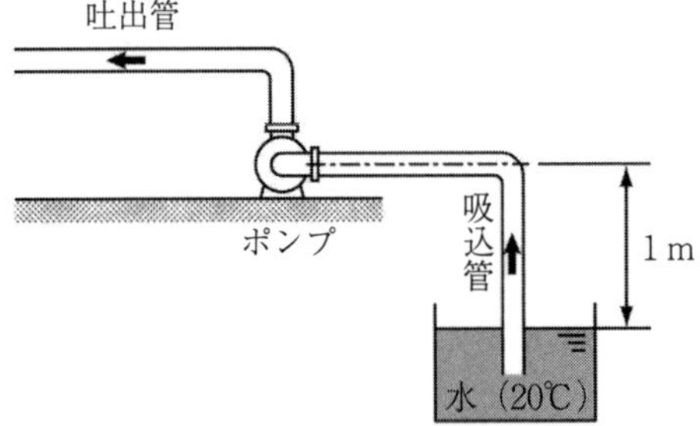

図 6.2.2　ポンプによる水の吸上げ

図 6.2.2 において、有効 NPSH は、

NPSH ＝大気圧－吸込み高さ－流体の飽和蒸気圧力＝ 10.3 － 1.0 － 2.0 ＝ 7.3 m

である。

6.2.4 ポンプの性能曲線

次に代表的な渦巻ポンプ及び歯車ポンプの性能曲線を示す。

(1) 渦巻ポンプ

(2) 歯車ポンプ

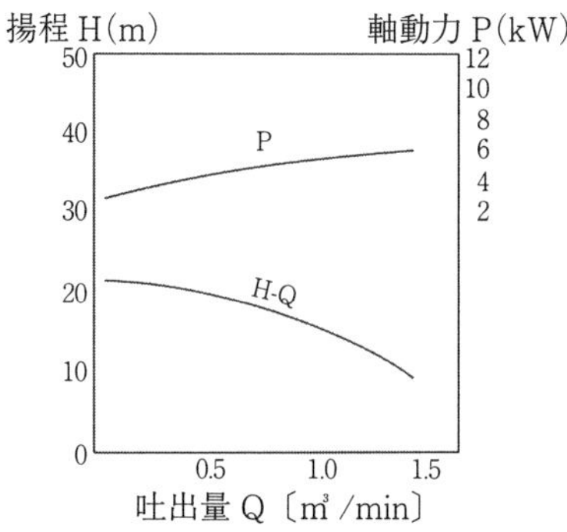

図 6.2.3 渦巻ポンプ性能曲線

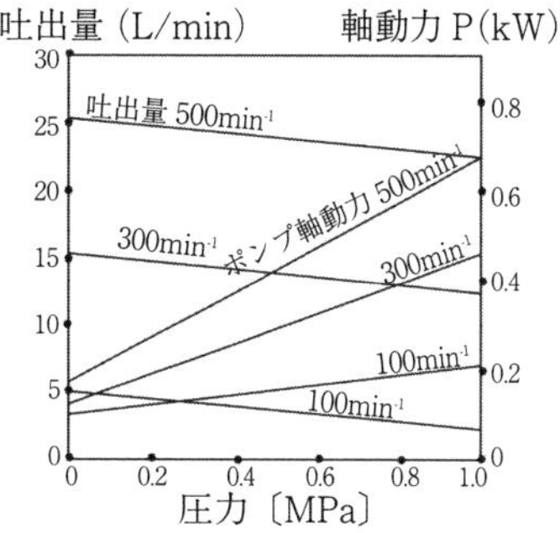

図 6.2.4 歯車ポンプ性能曲線

6.3 渦巻ポンプ（Centrifugal Pump）

6.3.1 渦巻ポンプの分類

渦巻ポンプは次のように分類される。

(1) 形態による分類（図 6.3.1）

① ボリュートポンプ（Volute Pump）

羽根車外周に渦形室（Volute Casing）を有するもの。

② 渦室を有する渦巻ポンプ（Vortex Pump）

羽根車外周に渦室（Vortex Chamber）があり、その外周に渦形室を有するもの。

③ タービンポンプ（Turbine Pump）

羽根車外周に案内羽根のついたディフューザ（Diffuser）があるもの。

＊ ①は揚程の低い場合に、③は高い場合に使用されるが、現在はポンプの回転速度を大きくすることによりボリュートポンプでも相当高圧を発生するものがある。

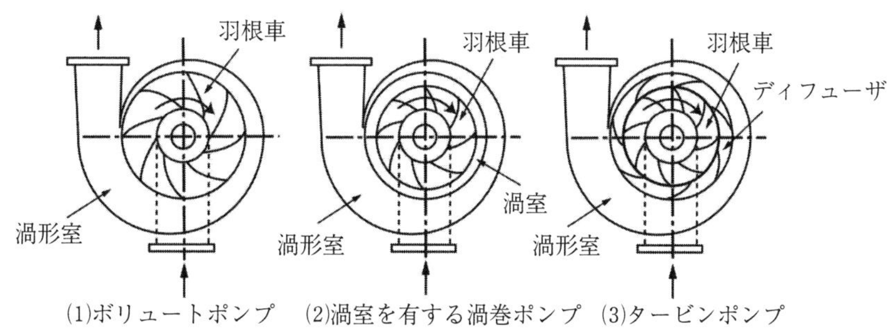

図 6.3.1 渦巻ポンプ

(2) 段数による分類

① 単段ポンプ（Single Stage Pump）

羽根車が 1 個のもの。

② 多段ポンプ（Multi Stage Pump）

羽根車が2個以上あり、液は案内羽根により次段の羽根車吸込口へ導かれる。ボイラ給水ポンプなど高圧ポンプに使用される。

(3) 吸込口による分類

① 片吸込ポンプ（Single Suction Pump）
羽根車の片側より液を吸い込むもの。

② 両吸込ポンプ（Double Suction Pump）
羽根車の両側より液を吸い込むもの。

6.3.2 渦巻ポンプの揚水原理

物体がωの速度で回転するとき、中心からrの距離にある質量mの物体に働く遠心力Fは、

$$F = mr\omega^2$$

である。したがって、容器内で水を角速度ωで高速回転させると、ある単位部分（Δr）に働く遠心力による水頭は、

$$\Delta h = r\omega^2/g \times \Delta r$$

これを積分すると、

$$h = \frac{r^2 \cdot \omega^2}{2g}$$

で表され、半径の二乗に比例する。ゆえに液面は放物面となる（図6.3.2）。（回転軸からの半径r_1, r_2なる2点間の遠心力に基づく遠心水頭の差は（$r_2^2 - r_1^2$）$\omega^2/2g$で表される）

また、遠心水頭hは、流体の密度に比例するので、水に空気が混入すると水頭が低くなり、水が流れなくなる。

ゆえに吸込側の空気を排除しなければ揚水できない。

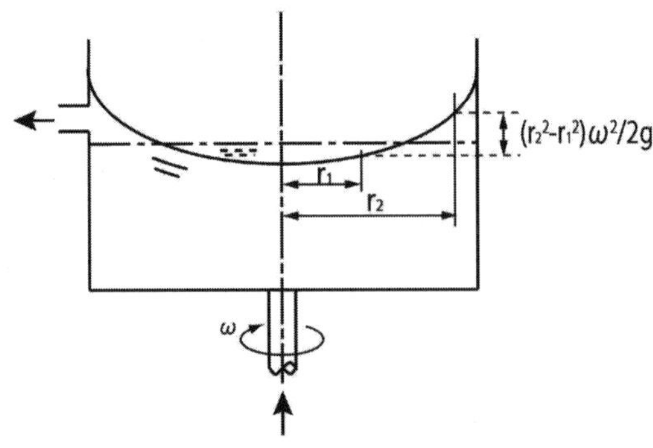

図6.3.2 遠心水頭

6.3.3 キャビテーション（Cavitation）

流れの圧力が低下すると水中に溶解している空気（自然水では容積2%）が分離して気泡を生

ずる。さらに圧力が低下して、水温相当の飽和蒸気圧に達すると水蒸気が発生し、先に発生した空気泡と一体になって空洞を生ずる。この現象をキャビテーションという。キャビテーションが発生するとポンプは騒音と振動を生じ、かつ揚程が急に低下する。

また、水蒸気泡が流れと共に移動してより高圧部に達すると1/100～1/1000秒の短時間で瞬時に押しつぶされ、そのとき4,000気圧にも達する高圧を発生し、きりでつつくようにして金属表面を浸食する。これをキャビテーションエロージョンという。

6.4 往復動ポンプ

6.4.1 往復動ポンプの分類

往復動ポンプは次のように分類される。(図6.4.1)

① ピストンポンプ

② プランジャポンプ

③ ダイヤフラムポンプ

④ ウィングポンプ

⑤ 可変容量形回転プランジャポンプ

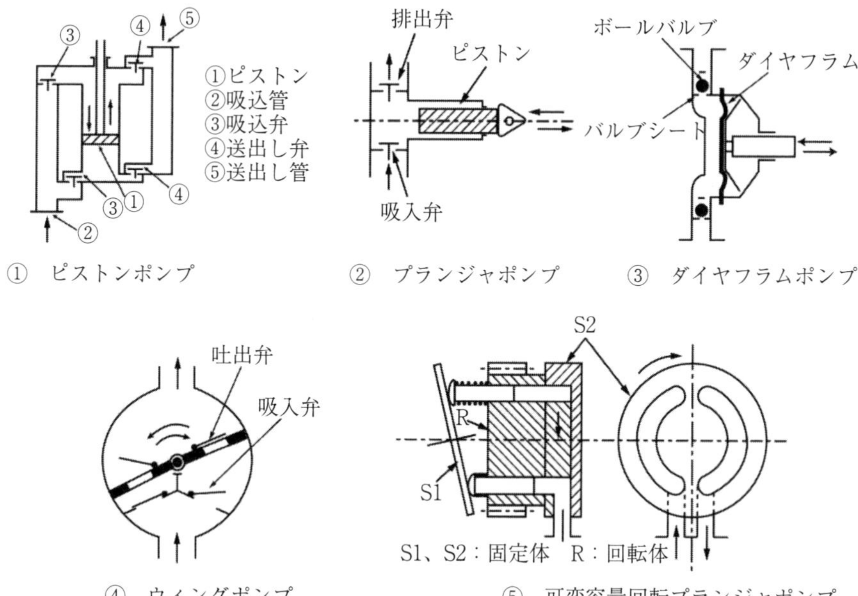

図6.4.1 往復動ポンプ

6.4.2 可変容量形回転プランジャポンプ

ポンプ軸の回転速度、回転方向一定のまま吐出量と吐出方向を任意に変え得るポンプである。ヘルショウポンプとジャネ－ポンプが代表的である。

操舵装置（油圧ポンプ)、ウインチ、係船機等の甲板機械（油圧モータ）に使用される。

(1) ヘルショウポンプ（Hele Shaw Pump）

プランジャが回転軸に直角に配置されたポンプで、その作動を図 6. 4. 2 に示す。伝導軸に十字継手で結合されたシリンダとプランジャは、電動機で定速に回転する。プランジャは遠心力によってスラストリング（遊動環）に当たり、これと一緒に回転する。またスラストリングは偏心棒（管制棒）によって一定量の横移動ができるようになっている。

同図(a)のようにシリンダの中心とスラストリングの中心が一致しているときは吐出しないが、同図(b)のように偏心棒によってスラストリングを右に偏心させると、図示のシリンダ回転方向では上半分で回転するにつれてプランジャがシリンダに対して抜け出すのでＰ孔より吸液し、下半分でシリンダに対して入り込むのでＱ孔より吐出する。スラストリングの偏心量に比例してポンプの吐出量が増す。また偏心方向が逆になると吐出、吸い込みの方向も逆になる。

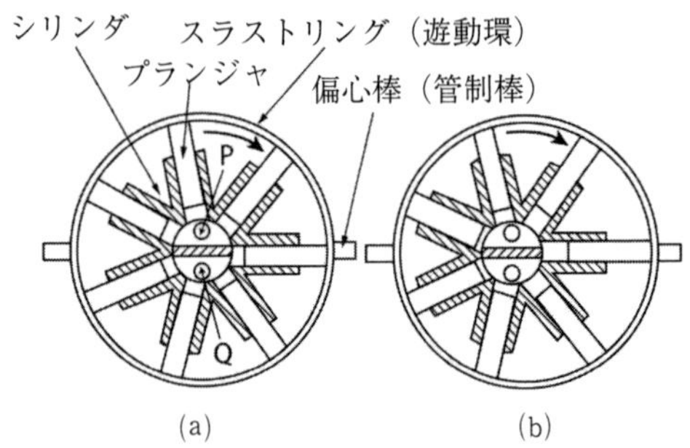

図 6. 4. 2　ヘルショウポンプの作動原理

(2) ウィリアム・ジャネーポンプ（William Janney Pump）

プランジャが軸と平行で、ヘルショーポンプに比べ次の利点がある。

① ポンプの慣性力が小さい。

② 効率が良い。

③ 各部の構造に遊隙が少なく、振動騒音が小さい。

④ 寿命が長い。

欠点としては、

① 機構が複雑で、開放修理に時間がかかる。

② 価格が高い。

等があげられる。

図 6. 4. 3 に示すようにプランジャ接合棒の一端は受金輪（Socket Ring, Slipper Pad）にかん合し、受金輪と軸は自在継手（Universal Joint）で結合されているので、傾転箱（Tilting Box）を機械的にまたはサーボモータで傾斜させた場合に、受金輪は傾転箱に保持されたまま傾斜した面内で回転する。

いま傾転箱を軸に直角な位置から図のごとく傾斜させると、図示の回転方向では左に向かって左半円を上方へ回転する間（シリンダが弁盤のＸみぞの上を上方へしゅう動する間）は、プランジャはシリンダに対し抜け出すので吸込みが、また右半円を下方に向かって回転する間

（Y みぞ上を下方へしゅう動する間）は、シリンダに対し入り込むので吐出が行われる。油は X、Y みぞに設けた孔から吐出、吸込管に至る。傾転箱の傾斜角度に比例して吐出量が増加し、傾斜方向が反対になると吐出、吸込方向が逆になる。

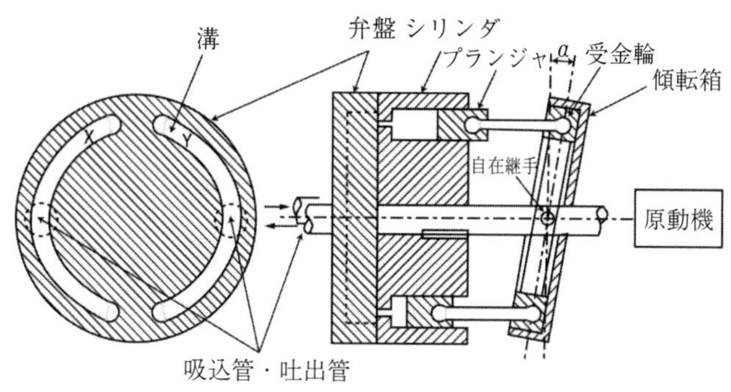

図 6.4.3　ジャネーポンプの作動原理

(3)　アキシャルプランジャポンプ（Axial Plunger Pump）

ジャネーポンプと同じ作動原理であるが、シリンダ側を傾斜（傾転）可能とした点がジャネーポンプと異なる。また傾斜角を一定に固定し管路途中に管制弁を設け、これにより吐出量、吐出方向を変える形式のものもある。図 6.4.4 に構造を示す。図の右下の部分は、上半図を紙面に直角方向に傾斜させたときの図である。また、図 6.4.5 に作動原理を示す。傾斜方向が反対になると吐出、吸込方向が逆になる。

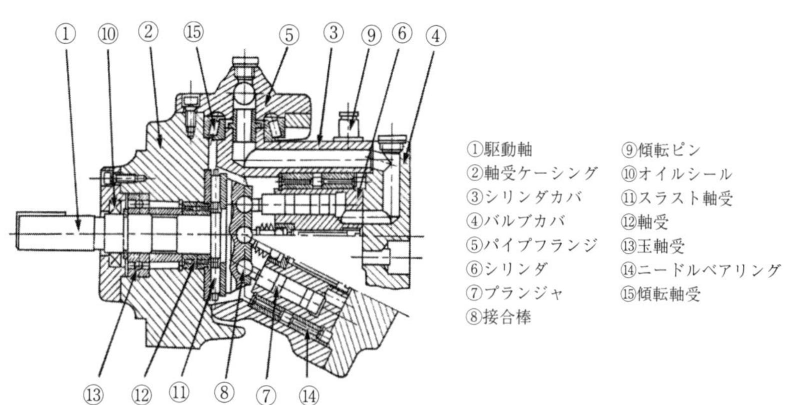

図 6.4.4　アキシャルプランジャポンプ

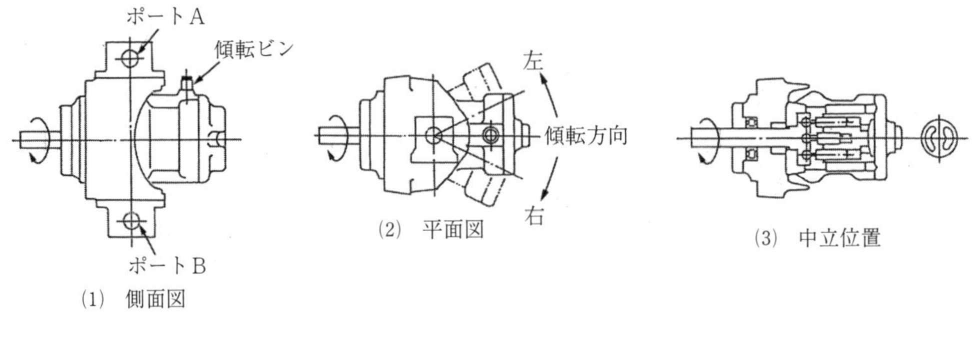

図6.4.5　アキシャルプランジャポンプの作動原理

6.5　回転ポンプ（Rotary Pump）

1～3個の回転子（Rotor）が回転し、回転子のみぞの移動容積が理論吐出量となる。いわゆる容積形ポンプであり、次の利点がある。

① 吐出量の変動がきわめて少ない。

② 吐出弁・吸込弁が不要である。

③ 高粘度・低粘度いずれの液にも使用可能である。

④ 小形である。

⑤ 高速原動機に直結できる。

6.5.1　歯車ポンプ（Gear Pump）

歯の曲線には一般にインボリュート（Involute）曲線が採用されている。平歯車（Spur Gear）、はすば歯車（Single Helical Gear）、山ば歯車（Double Helical Gear）がある。平歯車はおもに小容量ポンプ用であり、また、はすば歯車は軸方向スラストを生ずるが、山ば歯車ではこれが打消される利点がある。

はすば歯車、山ば歯車では同時にかみ合う歯数が複数であり、かつかみ合い点がなめらかに歯に沿って移動するので運転が円滑に行われる利点がある。図6.5.1に歯車ポンプの構造を示す。

歯車ポンプは一般に回転子の外表面に歯が切ってあるが、小形の内部潤滑油ポンプや冷凍機のアンモニア液循環ポンプ等に内接歯車方式のポンプが使用されることがある。

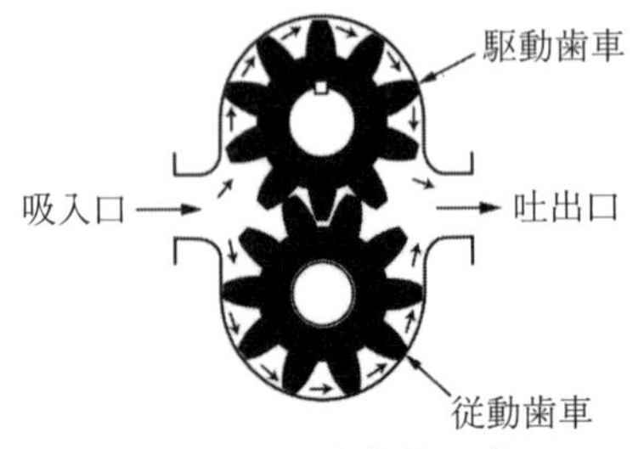

図6.5.1　歯車ポンプ

図 6.5.2 に示すトロコイドポンプは、ケーシング内に歯数の異なるインナ・ロータとアウタ・ロータが偏心して組み付けられたものである。インナ・ロータが回転するとアウタ・ロータも同方向に回転するが、歯数及び中心が異なるため、インナ・ロータとアウタ・ロータとの隙間の容積が位置により異なるので、この隙間が大きくなり始める位置に吸入口を、一度大きくなって次に小さくなる位置に吐出口を設け、隙間容積が大きくなる位置で吸入し、小さくなる位置で吐出される。

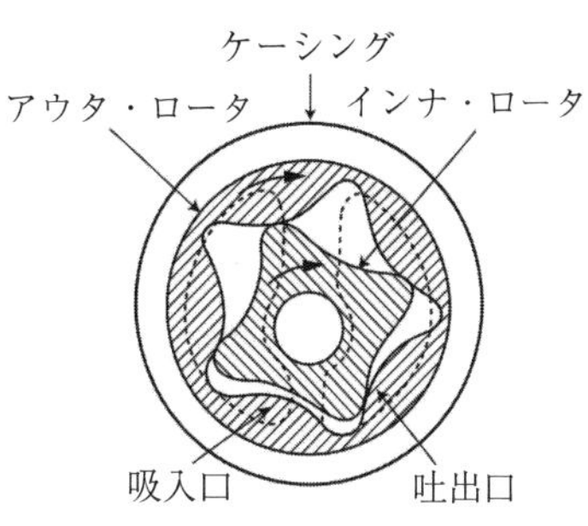

図 6.5.2　トロコイドポンプ

6.5.2　ねじポンプ（Screw Pump）

回転子にねじを切ったもので、液はケーシングとねじ間にはさまれて、軸方向に移動して吐出される。回転子の数は 1 ～ 3 個である。

(1)　3 本ねじポンプ

例として、イモポンプ（IMO Pump）があり、潤滑油ポンプやボイラ用噴燃ポンプに使用される。

図 6.5.3 に示すように原動機で駆動される主ねじと、これに接して回転する従ねじ 2 本の計 3 本よりなる。ねじは 2 重に切ってある（二条ねじ）。

イモポンプの利点は

① 上述のように従ねじが主ねじから動力の伝達を受けずに自転するので、歯車ポンプのような歯面の損傷がなく効率良好であり、寿命が長い。

② 従ねじは主ねじに寄り添うよう作用し、液のシール作用により漏えいが少ないので容積効率が大きい。

③ ねじを長くして巻き数を多くすると、摩擦損失増大の割に漏えい防止作用が大きくなり、高圧でも効率が良い。

④ ねじ外径が小さく、高速回転が可能である。そのため比較的小形で大容量である。

⑤ 液が軸方向に流動するので吸込側の混乱流動が少なく、吸込実揚程を高くできる。

⑥ 揚液可能粘度は 7 ～ 4000 mm^2/s（cSt：センチストークス）の広範囲にわたる。効率は 80%前後である。

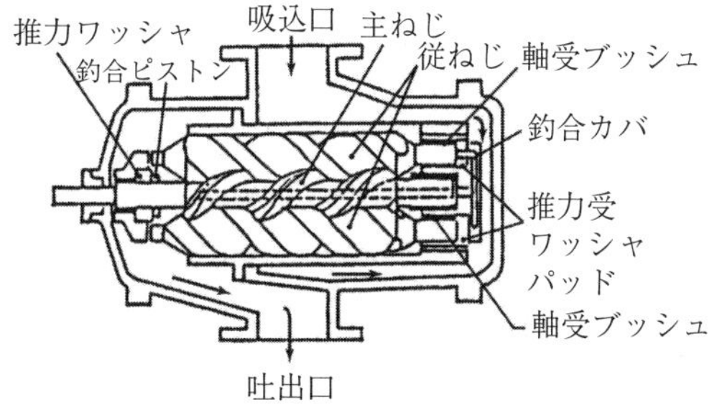

図 6.5.3　イモポンプ

⑵ 1本ねじポンプ

例として、モノポンプがあり、ビルジポンプ、スラッジポンプなどに使用される。

2条雌ねじのケーシング内部で1条雄ねじのロータが回転することで、両者間に形成される空間がねじ軸に沿って移動し、液体を移送する容積形ポンプである。

6.5.3　ベーンポンプ（Sliding Vane Pump）

潤滑油、燃料油ポンプ等に使用され、また油圧式甲板機械にも広く使用される。

図6.5.4に構造・作動を示す。回転子中心はケーシング中心に対し偏心し、そのみぞに収められた羽根は遠心力で外部へ押され、ケーシングと接触して羽根間の容積が拡大縮小して液の吸込、吐出を行う。吸込、吐出口の中間部分（図のa部）は羽根両面に作用する圧力が異なり羽根が押され無駄な動力を消費し騒音を発するので、羽根の出入がないようケーシング面を回転子と同心にする必要がある。羽根数の多いものは20数枚である。

ベーンポンプの利点は次のとおりである。

① 吐出圧力に脈動が少ない。

② 羽根が摩耗しても圧力が低下しない。

③ 容量の割に形状が小さい。

④ 構成部品が少なくかつそれらの形が単純なので、故障が少なく保守が容易である。

⑤ 効率は70～75％である。

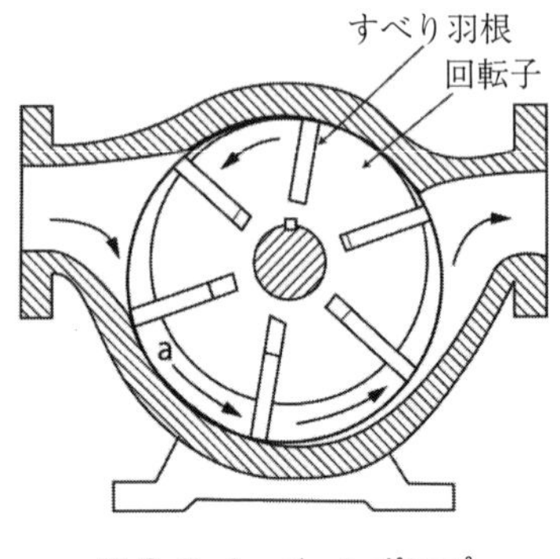

図6.5.4　ベーンポンプ

6.6　その他のポンプ

6.6.1　水封じポンプ

真空ポンプや抽気ポンプとして使用されるもので、図6.6.1にナッシュポンプ（Nash Pump）、図6.6.2にエルモポンプ（Elmo Pump）を示す。

ケーシング形状が前者はだ円、後者は円形であり作動原理は同じである。ケーシング内に液が封入してあり、回転子の回転による遠心力のため液層がケーシング内面に沿って回転するので、液層と回転子間の空間容積が拡大縮小してポンプ作用が行われ、図の入口、出口から空気を吸込み吐出する。

空気圧縮時の等温効率は最高30％前後、発生真空は最高90％程度である。

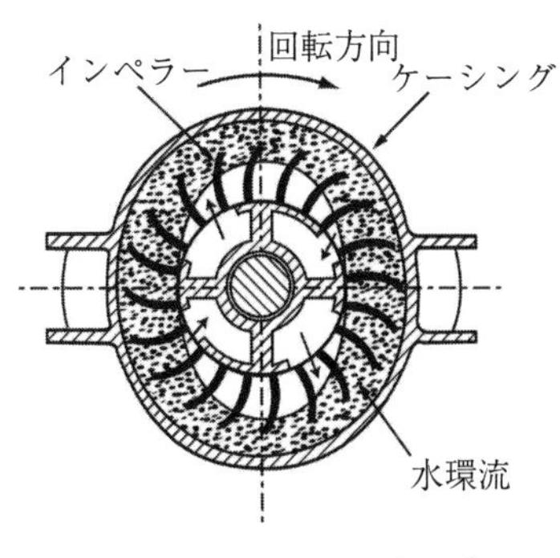

図 6.6.1　ナッシュポンプ

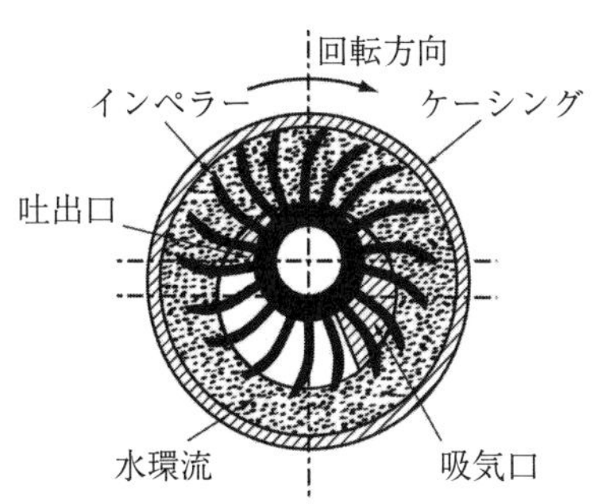

図 6.6.2　エルモポンプ

6.6.2　摩擦ポンプ

代表的なものにウエスコポンプ（Westco Pump）がある。一般的には渦（か）流ポンプとして分類されカスケードポンプと称される。図 6.6.3 に示すインペラーが同図に示す形状のケーシング内で回転すると、液は激しくかく乱されるので乱流摩擦応力が大きくそのため液流を生じて圧力が上がる。また遠心力によっても断面拡大図のような経路を経て昇圧がくり返されて圧力が上がる。最高効率は 40 ～ 50％である。

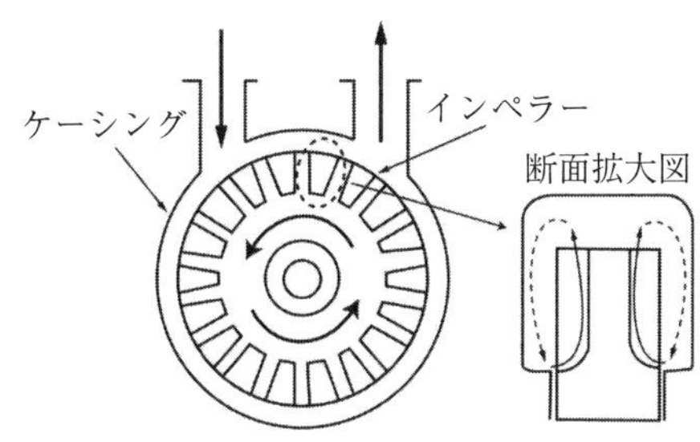

図 6.6.3　カスケードポンプ

6.6.3　ジェットポンプ

ノズルから流体を噴出させ、その速度エネルギを被吸引流体に与えてこれを連れ出すポンプである。噴出流体により水噴射ポンプ、噴気ポンプがある。

このポンプの利点は

①　運動部分がないこと。

②　形態が小さいこと。

③　どろ水、汚水に用いても支障がないこと。

等であるが、揚水効率の低い欠点がある。

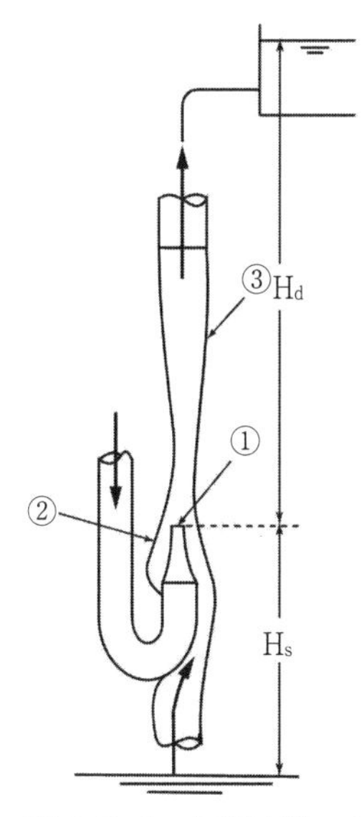

図 6.6.4　水噴射ポンプ

(1)　水噴射ポンプ（図 6.6.4）

ノズル①より G_1 kg/s の水が高速で噴出し、初めに混合室②の空気を誘引して局部真空を作ると、ここへ下水面から Gkg/s の液が流入し、以後噴出水と混合してディフューザ（Diffuser）③で速度を圧力に変換して出て行く。

揚水効率ηは、

$$\eta = G\ (H_d - H_s)\ /\ G_1(H_1 - H_d)$$

で表される。H_sは水面が図のようにポンプより下にあるときは（－）とする。なおH_1は噴出水の有する原動水頭である。ηは15～20%で低い。

(2)　噴気ポンプ

小形ボイラの給水ポンプとして使用されることのあるインゼクタ（Injector）は、当該ボイラの発生蒸気をノズルから噴出してタンクの水を給水するものであるが、復水器や造水装置の抽気ポンプとして使用されるエゼクタ（Ejector）の方が一般的である。

7　冷凍機

7.1　冷凍機とヒートポンプ

7.1.1　冷凍の原理

低温度を作る方法には、

① 天然の氷を利用する方法（融解熱の利用）

② ドライアイスを利用する方法（昇華熱の利用）

③ 蒸発しやすい液体を気化させる方法（蒸発熱の利用）

など色々な方法があるが、船舶では機械力を利用した③の方法が一般的に採用されている。

蒸発しやすい液体（例えばアルコールなど）を皮膚に付けると涼しく感じる。これは皮膚についたアルコールが蒸発する際に蒸発熱を奪い去るためである。③はこれと同じ原理で、蒸発しやすい液体の蒸発作用に伴って多量の熱を奪い去ることにより被冷却物を冷やす方法である。

この例におけるアルコールのように熱運搬の役目をする媒介物質を冷媒と呼ぶ。

7.1.2　蒸気圧縮式冷凍機と吸収式冷凍機

冷凍機では、液冷媒を急激に減圧して、冷媒が蒸発するときに周囲から熱を奪って物質を冷却している。この冷凍サイクルを維持するためには、気体冷媒を高圧にし、それを冷却して液冷媒にする必要がある。

蒸気圧縮式冷凍機では、気体冷媒を高圧にするために圧縮機を使用する。

これに対し、吸収式冷凍機では、気体冷媒を吸収剤で吸収し、それを加熱することによって、高圧にしている。（高温状態で、吸収剤から冷媒を蒸発させて分離する。）

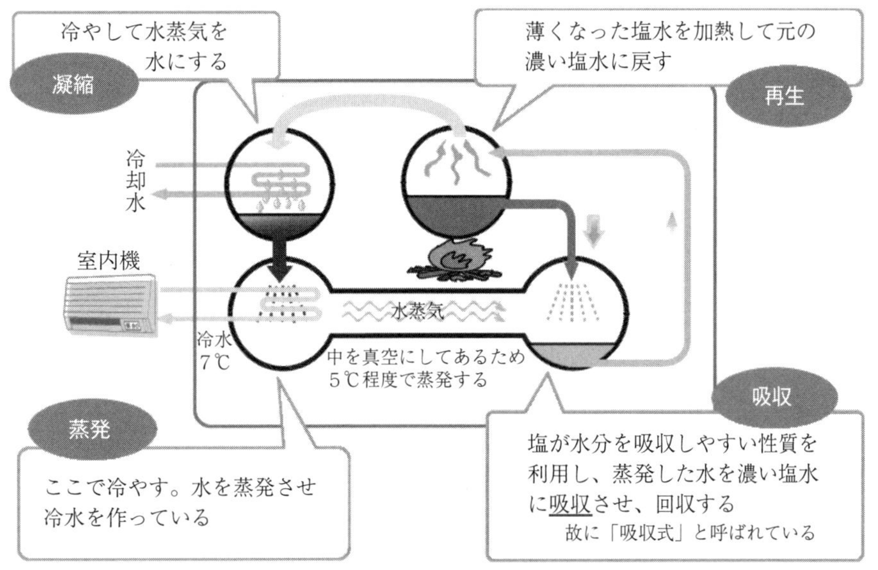

図 7.1.1　吸収式冷凍機

主に臭化リチウム吸収式冷凍機（冷媒：水、吸収剤：臭化リチウム）とアンモニア吸収式冷凍機（冷媒：アンモニア、吸収剤：水）があり、前者は、約5℃、後者は、約－60℃の冷水を得ることができる。

7.1.3　ヒートポンプ

後述する冷凍機は、凝縮器で放熱するが、これに対し、ヒートポンプは、この放熱する熱を利用して物質を加熱するものである。

家庭用のエアコンディショナを例にとると、冷媒の流れを逆にするだけで室内を暖房することができる。これが、ヒートポンプである。

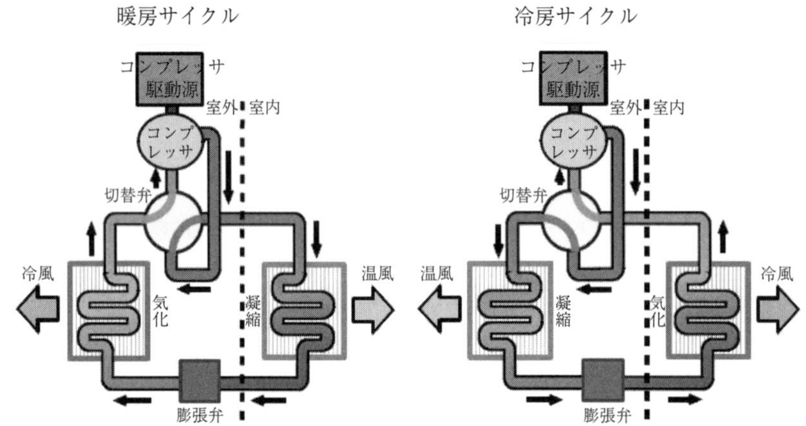

図 7.1.2　ヒートポンプ

7.2　蒸気圧縮冷凍サイクルと p-h 線図

7.2.1　蒸気圧縮式冷凍機の冷凍サイクル

図 7.2.1 に蒸気圧縮式冷凍機のサイクルを示す。

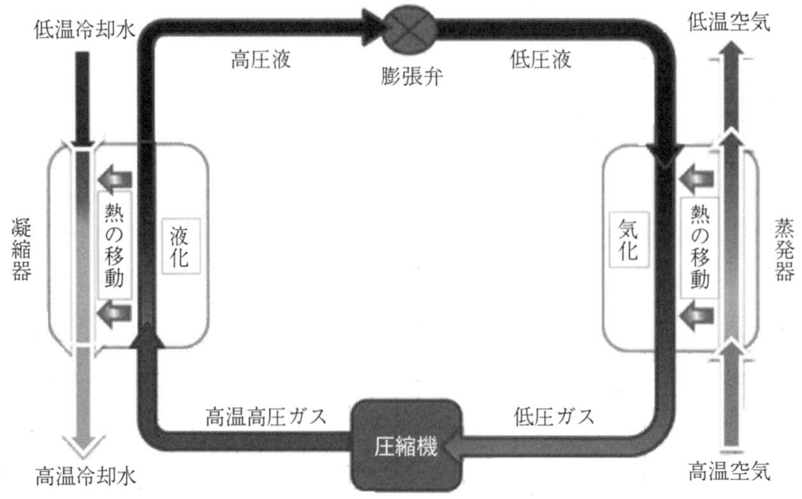

図 7.2.1　蒸気圧縮式冷凍機のサイクル

冷凍サイクルの構成要素には、圧縮機、凝縮器、膨張弁、蒸発器の 4 要素があり、冷媒はこれらの中を次のように状態変化を繰り返しながら循環している。

① 圧縮機（Compressor）

蒸発器で低圧の気体になった冷媒を吸引して圧縮し、液化しやすい高温高圧ガスにして凝縮器へ送る機械。

② 凝縮器（Condenser）

圧縮機から吐き出された高温高圧の冷媒ガスを冷却し、液化（凝縮）させる容器で、冷媒の冷却には空気、清水又は海水などが用いられる。

③ 膨張弁（Expansion Valve）

凝縮器で液化した高圧の液体冷媒を狭い弁や細い管の中を通し、絞り作用によって減圧し、蒸発しやすい低圧の液にする弁。

④ 蒸発器（Evaporator）

膨張弁を通った低温低圧の液化冷媒を熱交換器に通し、蒸発させて気体にするための装置。このとき冷媒は「気化熱」を奪って周囲を低温にする。

凝縮器と蒸発器はともに「熱交換器」と呼ばれるもので、冷凍や冷房の時は蒸発器で室内の熱を奪って冷やし、凝縮器でその熱を外部に排熱している。

7.2.2 冷媒の状態変化と p-h 線図

(1) p-h 線図

p-h 線図とは、縦軸に冷媒の絶対圧力 p〔MPa・abs〕、横軸に比エンタルピ h〔kJ/kg〕を取り、図中に書き込まれた線図から、対応する冷媒の温度、比容積、乾き度などの状態を知ることができるもので、モリエル線図ともいう。図 7.2.2 に p-h 線図の例を示す。

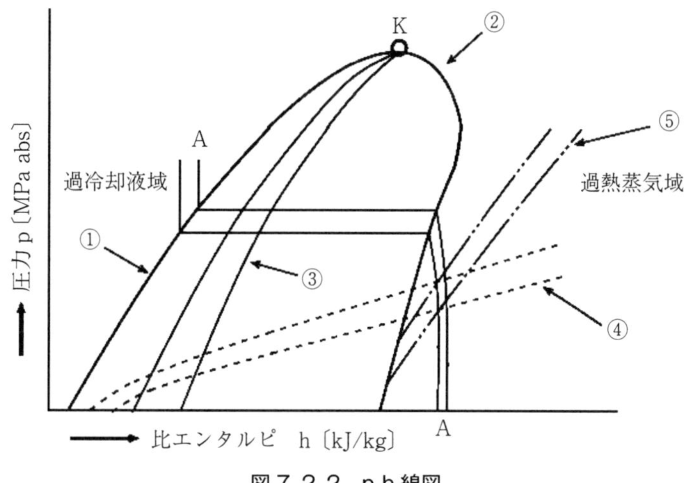

図 7.2.2 p-h 線図

曲線①：飽和液線・・・冷媒はこの線上では飽和液（液体の限界）で、線上の目盛りが飽和温度を示す。それぞれの飽和温度に対応した飽和圧力を縦軸から読み取ることができる。

曲線②：乾き飽和蒸気線・・・冷媒はこの線上では乾き飽和蒸気（気体の限界）である。

曲線③：等乾き度線

曲線④：等比容積線

曲線⑤：等エントロピ線（断熱圧縮線）

K 点　：臨界点・・・この温度（臨界温度）よりも高い温度では、冷媒は凝縮液化しない。

A-A 線 ：等温度線

この飽和液線と乾き飽和蒸気線を境に左から、過冷却液、湿り蒸気、過熱蒸気の三つの領域に分けられる。

ある過冷却液の温度とその圧力における飽和温度との差を過冷却液の過冷却度といい、ある過熱蒸気の温度とその圧力における乾き飽和蒸気温度との差を、過熱蒸気の過熱度という。

(2)　冷凍サイクルと p-h 線図

図 7.2.3 に冷凍サイクルの p-h 線図を示す。

冷凍サイクル中で冷媒は、圧縮→凝縮→膨張→蒸発の四つの行程で状態変化し、p-h 線図上では次のように変化する。

<①→②>

圧縮機に吸入された冷媒は、等エントロピ線に沿って断熱圧縮され高圧の過熱度の大きなガスになる。

<②→③>

高圧ガスは凝縮器で冷却され、等圧のまま凝縮潜熱を放出する。冷媒の状態は、過熱蒸気→乾き飽和蒸気→湿り蒸気→飽和液→過冷却液へと変化する。

<③→④>

凝縮器または受液器から出た過冷却液は、膨張弁で絞り膨張され、比エンタルピは変化せず（h③＝h④)、圧力と温度が低下し低温低圧の冷媒液（湿り蒸気）となる。

<④→①>

蒸発器では冷媒液（湿り蒸気）は外部から熱を吸収し、蒸発潜熱を吸収して等圧のまま乾き蒸気になる。温度自動膨張弁では、蒸発器出口冷媒の過熱温度が一定になるように調整される。

蒸発温度が－15℃、凝縮温度が 30℃、膨張弁入口温度が 25℃（過冷却度 5℃)、圧縮機入口の状態が乾き飽和蒸気のものを基準冷凍サイクルといい、冷凍機の性能を比較するために使用される。

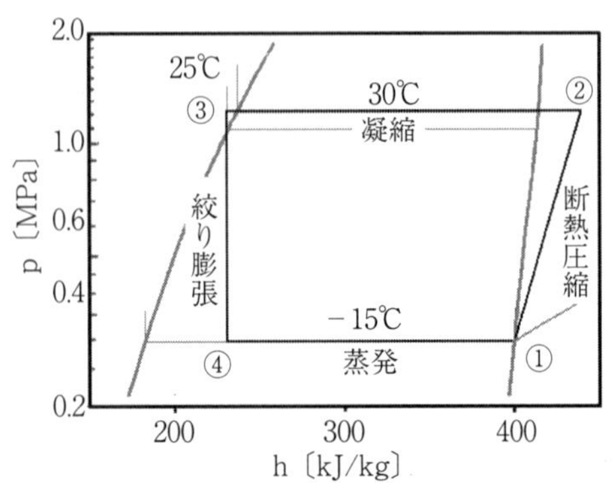

図 7.2.3　冷凍サイクルの p-h 線図
(基準冷凍サイクル)

7.2.3 冷凍効果・冷凍能力

(1) 冷凍効果

冷凍サイクル中の熱収支を図7.2.4に示す。

冷凍サイクルにおいて冷媒1kgが、蒸発器で奪うことができる熱量を冷凍効果という。

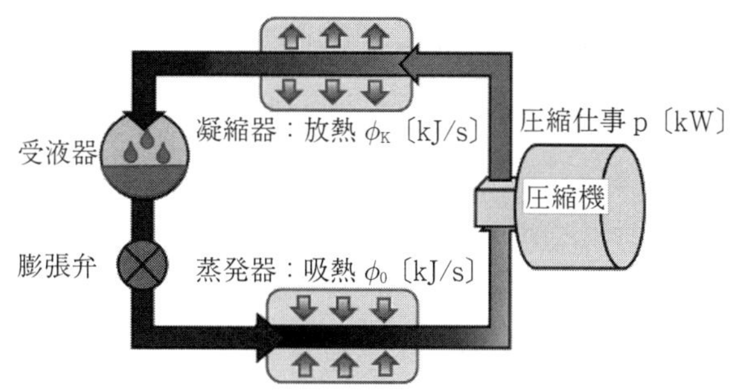

図7.2.4 冷凍サイクル中の熱収支

冷凍効果Wrは、蒸発器出入口の比エンタルピ差で表され、図7.2.3冷凍サイクルのp-h線図上の点①と点④の比エンタルピ差となる。

Wr = h①－h④〔kJ/kg〕

(2) 冷凍能力

冷凍能力は、冷凍機によって冷却できる能力であり、単位時間当たりに除去できる熱量ϕ_0である。単位時間当たりの冷媒流量をq［kg/h］とすると、冷凍能力ϕは次のように表される。

ϕ = Wr × q［kJ/h］

ϕ_0 = qm × Wr = qm ×（h①－h④）

qm：冷媒流量〔kg/s〕

(3) 成績係数

冷凍機が、その所要動力で何倍の冷凍能力があるかを表した数値を成績係数（COP：Coefficient of Performance）という。動力Pth（理論断熱圧縮動力）をh②－h①で表せば冷凍効果との比が成績係数（COP）$_R$となる。

（COP）$_R$ =（h①－h④）/（h②－h①）

(4) 冷凍トン

0℃の水1トン（1000kg）を1日（24時間）で0℃の氷にするために除去しなければならない熱量のことを、1冷凍トン（1Rt）と呼び、これを冷凍能力の単位として用いることもある。

0℃の氷の融解熱は333.6kJ/kgであるから、

1Rt = 333.6 × 1000/24 = 13900kJ/h

= 13900/3600kJ/s ≒ 3.861kW

となる。

7.3　冷媒の種類とその性質

7.3.1　冷凍機による冷却方式

冷凍機による冷蔵庫内の冷却方法には、直接膨張式と間接膨張式の二つの方法がある。

直接膨張式は、蒸発器を冷蔵庫内に設け、冷媒が庫内の物品から直接熱を奪う方式のものである。一方、間接膨張式では、蒸発器でブラインという不凍液を冷却し、このブラインをポンプで庫内に送り循環させ、庫内を冷却する。

直接膨張式の間接膨張式に対する比較を以下に示す。

＜利点＞

① 被冷却物と直接熱交換するので、一定の冷却温度に対して蒸発温度を高くでき、熱効率がよい。

② ブラインや空気などを循環させる装置が不要で構造が簡単である。

＜欠点＞

① 冷媒管を長く配置しなければならず、圧力降下を生じ能力が下がる。

② 船体の振動等による冷媒の漏洩が起きやすい。

③ 冷媒が庫内を通るので、漏洩した場合、冷凍、冷蔵物に被害を与えることがある。

④ 冷媒（初期充填量）を多量に必要とする。

⑤ 蒸発器の数によって、複数の膨張弁を設置し調整しなければならない。

7.3.2　冷媒に必要な性質

冷媒には、蒸発の潜熱として熱を吸収するもの（アンモニア、フロン）と、顕熱として吸収するもの（ブライン）とがある。前者を直接冷媒、後者を間接冷媒という。

直接膨張式冷凍機では直接冷媒のみが使用され、間接膨張式冷凍機では、直接冷媒および間接冷媒の両方が使用される。

それぞれの冷媒に必要な性質は次のとおりとなる。

(1)　直接冷媒

① 臨界温度が高いこと。

臨界温度の低いものでは、低温度の冷却水を用いないと、高圧に圧縮しても冷媒が液化しない。

② 凝縮圧力ができるだけ低いこと。

普通の気温、冷却水温度の下で凝縮させる場合、凝縮圧力が低ければ、液化させるときも低い圧力でよく、圧縮機の出力を小さくできる。

③ 大気圧の下での蒸発温度が低い（沸点が低い）こと。

蒸発温度が高ければ、蒸発器内の圧力を真空に近づけないと蒸発しなくなる。従って効率が低下し、外部から空気が侵入しやすくなる。（常用蒸発圧力は大気圧より少し高めに設定するとよい）

④ 蒸発の潜熱が大きいこと。

冷媒が蒸発するときに吸収する熱量が大きいほど、冷凍効果が大きくなる。

⑤　比容積（蒸発して気体になったときの容積と、元の液体の容積との比）が小さいこと。
冷媒ガスの比容積が小さいほど、圧縮機を小さくできる。

⑥　凝固温度が低いこと。

⑦　科学的に安定で、金属やパッキン類を腐食しないこと。

⑧　潤滑油と混合しにくく、混合しても冷凍作用に影響を及ぼさないこと。

⑨　毒性が無く、悪臭や刺激臭のないこと。

⑩　引火爆発の危険性のないこと。

⑪　漏れた場合、発見が容易であること。

⑫　安価で多量に入手できること。

⑵　間接冷媒

①　凝固点が低いこと。

②　比熱が大きいこと。

③　金属（特に鉄鋼）を腐食しないこと。

④　保存が容易で変質せず安価なこと。

7.3.3　冷媒の種類とその特性

⑴　非フッ素系冷媒：アンモニア（NH_3）

古くから使用されており、現在でも大規模な冷凍機に使用されている。臨界温度、蒸発圧力、凝縮圧力などが冷媒に適しており、特に蒸発の潜熱は現在使用されている冷媒の中でも最も大きい。ただし、燃焼性、爆発性および毒性があること、銅および銅合金を腐食することから、取扱いには十分注意しなければならない。

船用としては主として漁船や冷凍船に使用されている。

⑵　フッ素系冷媒：フルオロカーボン（フロン）

①　CFC（クロロフルオロカーボン）

CFC-12(フロン-12) が最も理想に近い性質を持つことから、船用として一般に使用されてきた。

しかし、オゾン層破壊の影響から1995年末に製造が停止された。

②　HCFC（ハイドロクロロフルオロカーボン）

代表例として、R-22(HCFC-22) があり、CFCの塩素の一部を水素に置換したオゾン層破壊度が小さいものである。1996年に規制が開始され、先進国においては2020年に生産が全廃され、途上国においては2030年までに生産が撤廃される予定である。

③　HFC（ハイドロフルオロカーボン）

HCFCの塩素全部を水素に置換してオゾン層破壊への影響を無くしたものである。しかし、この代替フロンはオゾン層を破壊しないものの、CO_2の数千倍の地球温暖化への影響があり、京都議定書における削減対象物質に含まれている。

代替フロンとしてHFC-125、HFC-134 aなどの不燃性のものと、HFC-32(地球温暖化係数GWP；Global Warming Potentialが小さい)、HFC-143 aなどの微燃性のものがある。また、最近の冷凍機では、これらのHFCをある比率で混合した混合冷媒が使用されている。

表7.3.1に冷媒の種類を示す。

表7.3.1　冷媒の種類

種類 (オゾン層破壊係数)		冷媒番号	化学記号（成分）
CFC (0.5～1.0)		R11	$CFCl_3$(CFC11)
		R12	CF_2Cl_2(CFC12)
HCFC (CFCの1/10～1/50)		R123	$C_2HF_3Cl_2$(HCFC123)
		R22	C_2HF_2Cl (HCFC22)
HFC (0)		R23	CHF_3(HFC23)
		R32	CH_2F_2(HFC32)
		R125	C_2HF_3(HFC125)
		R134 a	CH_2FCF_2(HFC134 a)
		R143 a	CF_3CH_3(HFC143 a)
	HFC 混合冷媒	R404 A	HFC125/143 a/134 a
		R407 C	HFC32/125/134 a
		R410 A	HFC32/125

7.4　ガス圧縮式冷凍機

7.4.1　圧縮機の分類

(1)　容積式

①　往復式

大容量に不適であるが、使いやすく、機種が豊富である。

②　ロータリー式

小容量、高速化に適している。

③　スクロール式（図7.4.1）

小容量、高速化に適している。

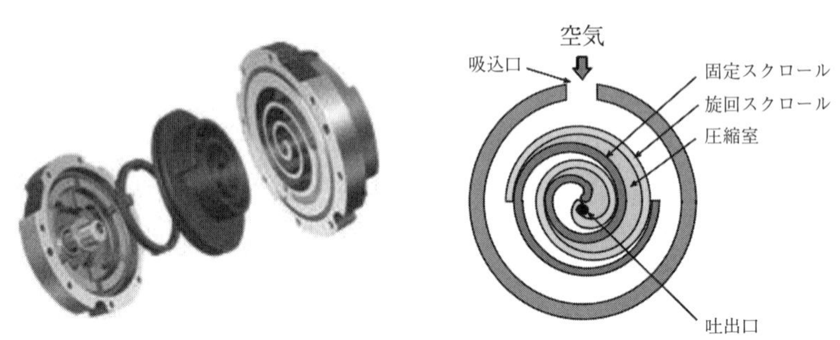

図7.4.1　スクロール式圧縮機

④スクリュー式

遠心式に比べて高圧縮比に適しているため、多用されている。

⑵　遠心式（ターボ式）

大容量に適している。高圧縮比には不向きである。

7.4.2　密閉型圧縮機と開放型圧縮機

駆動用電動機と圧縮機を一体にして、一つのケーシング内に収めたものを密閉型圧縮機という。

密閉型に対して、駆動電動機と圧縮機を外部で軸継手により結合したものを開放型という。

密閉型には、半密閉型と全密閉型があり、ボルトを外すことによって開放できる容器に収めたものを半密閉型、溶接で密閉した容器に収めたものを全密閉型という。

8 油圧装置

船舶の甲板機器等には、電動機で駆動する装置の他に油圧で駆動する装置がある。油圧装置は、小型で単純な構造の装置にできる、力の大きさ・速度・方向を容易に変えることができる、無段変速や遠隔制御を行うことができるなどの長所を持つ一方、油漏れの恐れがあるなどの短所もある。

油圧の長所

・小型で強力な力またはトルクを発揮できる。

・空気圧に比べて小型・軽量で出力が大きく、応答性が良い。

・エネルギーの蓄積ができるとともに、安全装置が簡単である。

・高温や労働環境の悪い所での使用ができる。

・電気と簡単に組み合わせができ、いろいろな制御が可能である。

・速度範囲が広く、無段変速が簡単で円滑である。

・振動が少なく円滑である。

油圧の短所

・油漏れの恐れがある。

・油の温度変化で、アクチュエータの速度が変わる。

・騒音が大きい。

・火災の危険がある。

・作動油の汚染管理が必要である。

・空気圧ユニットなどと比べて配管作業が面倒である。

・ゴミ、サビに対する考慮が必要である。

8.1 油圧装置の構成

油圧装置は油圧発生装置、油圧駆動装置、油圧制御装置、作動油タンク等の付属機器、配管で構成されている。

表 8.1.1 油圧装置の構成

油圧発生装置	油圧ポンプ	ねじポンプ、ベーンポンプ 歯車ポンプ、プランジャーポンプ
油圧駆動装置	油圧シリンダ	単動型、複動型、特殊型
	油圧モータ	歯車モータ、ベーンモータ、プランジャーモータ
油圧制御装置	圧力制御弁	リリーフ弁、減圧弁、アンローダ弁 シーケンス弁、カウンタバランス弁
	流量制御弁	絞り弁
	方向制御弁	パイロットチェック弁、逆止弁、方向切替弁
付属装置		油タンク、圧力計、アキュムレータフィルター

油圧発生装置

ポンプのことをいう。歯車ポンプのほか、スクリューポンプ、プランジャポンプ等で油圧を発生させる。

油圧駆動装置（アクチュエータ）

油圧ポンプで発生した油圧を機械的な動力に変える装置で、直線運動を行う油圧シリンダや回転運動を行う油圧モータがある。

油圧シリンダ

油圧によってシリンダを内のラム往復動させる装置。1ラム2シリンダ電動油圧式ラプソンスライド型操舵装置は油圧シリンダを用いて直線運動を行う代表的な装置である。

油圧モータ

油圧モータには歯車モータ、ベーンモータ、プランジャモータがあり、構造は油圧ポンプとほとんど同じである。油圧ポンプが電動機等の動力で駆動軸を回転させるのに対し、油圧モータは油圧によって駆動軸を回転させる。ラジアル形プランジャモータや斜軸形プランジャモータにより、作動油の流体エネルギーをトルクに変え、ウィンドラス、ウィンチでは巻上げ・巻下げに、クレーン装置では巻上げや旋回などに用いられる。

油圧制御装置

油圧制御装置には圧力制御弁、流量制御弁、方向制御弁があり、油圧回路の多くの箇所に使用されている。油圧回路に多く使用される電磁パイロット式「4方向4ポート3位置」切換弁の1種類を油圧回路図記号で示す（図8.1.1）。消磁時は中央位置にあり、全てのポートは接続された状態である。右側の電磁コイルが励磁すると右側位置のように流れが×状態に切り換わり、1と2、4と3のポートが接続された状態となる。また、左側の電磁コイルが励磁すると左側位置のように流れが平行状態に切り換わり、1と4、2と3のポートが接続された状態となる。

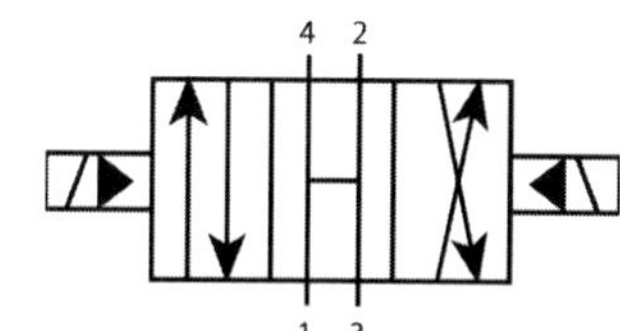

図8.1.1　電磁パイロット式切換弁

8.2 油圧回路図

ウィンドラスに使用される可変容量ラジアル形プランジャ油圧モータ油圧回路例を図8.2.1に示す。この油圧回路図には、油圧ポンプ、可変容量油圧モータ、方向制御弁としてカウンターバランス弁、手動操作弁、パイロット操作切換弁（レギュレーター）が記号で表記されている。

油圧ポンプ（Hydraulic Pump）で発生した油圧は手動操作弁（Control Valve）により操作したい回転方向に油圧モータ（Hydraulic Motor）を駆動させる。カウンターバランス弁（Counter Balance Valve）は、流量に比例した巻下げ速度が得られるように作動する。また、作業中に油圧ポンプが停止した場合でも自重落下を防止する。レギュレータ（Regulator）は、荷重に応じて油圧モータ容量を加減してモータの速度を制御する。荷重が小さい場合、レギュレータスプール（切換弁）はバネBにより右方に押され、油圧モータの偏心用ドラムの偏心量が小さくなり、トルクは小さいが速度が速くなる。逆に荷重が大きい場合、レギュレータスプールは左方に押され偏心量は大きくなり、速度は遅くトルクは大きくなる。

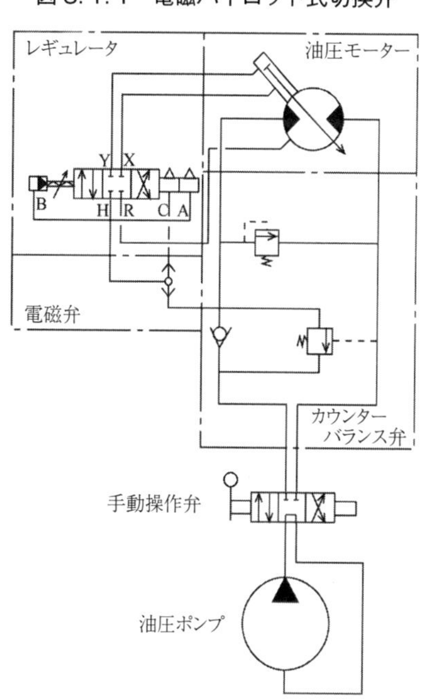

図8.2.1　油圧回路

表 8.2.1　代表的な油圧図記号

種別	記号	名称	種別	記号	名称
油圧発生装置	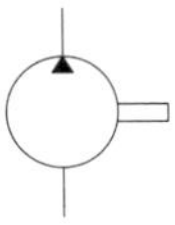	油圧ポンプ	油圧駆動装置	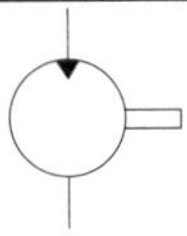	油圧モータ
	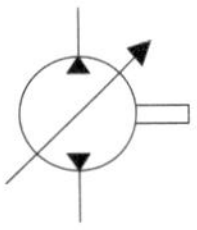	可変容量形ポンプ		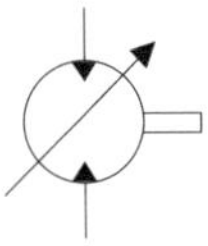	可変容量形モータ
	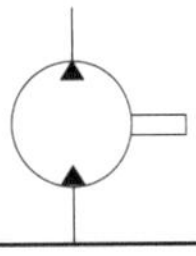	固定容量形ポンプ		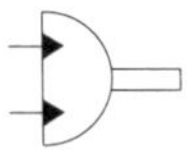	揺動形アクチュエータ（複動形）
油圧制御装置	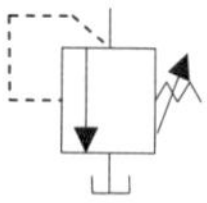	リリーフ弁	付属装置		タンク
	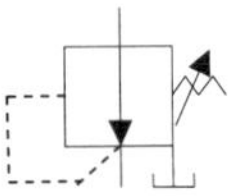	減圧弁		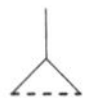	ストレーナ
	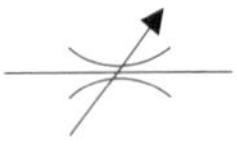	可変絞り弁		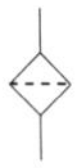	フィルタ
	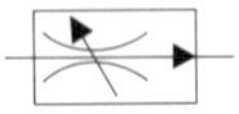	流量制御弁		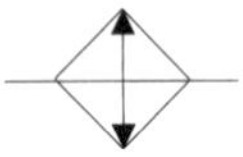	冷却器（空冷式）
		逆止め弁（簡略記号）		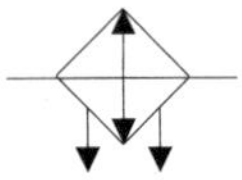	冷却器（水冷式）
	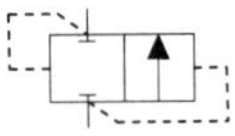	逆止め弁（詳細記号）		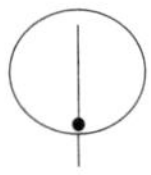	温度計
	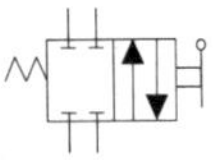	手動 2 位置切替弁		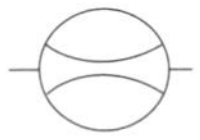	流量計
	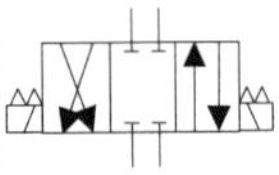	3 位置電磁切替弁		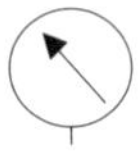	圧力計
					レベルスイッチ
				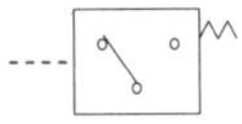	圧力スイッチ

9　電気

9.1　電流と磁気

9.1.1　磁力

(1)　磁力の強さ

磁石には北を示すＮ極（＋極）と南を指すＳ極（－極）があり、同極同士には反発力が働き、異極同士には吸引力が働く。二つの磁極の間に働く反発力又は吸引力は、二つの磁極の強さの積に比例し、両磁極間の距離の２乗に反比例する。これを磁気に関するクーロンの法則という。

真空中（空気中）における磁極間の力Ｆは、磁極の強さ m_1, m_2(単位：ウェーバ〔Wb〕)を用い次式で表わされる。

$$F = 6.33 \times 10^4 \cdot \frac{m_1 \cdot m_2}{r^2} \text{〔N〕}$$

Ｆ：磁極間の力〔N〕

m_1, m_2：各極の磁極の強さ〔Wb〕

r：両磁極間の距離〔m〕

つまり、真空中（空気中）において、強さが等しい磁極間に 6.33×10^4 N の力が働くとき、その磁力の強さを１Wb という。

(2)　磁界

Ｎ極からＳ極へは多数の磁気の力をもった線が出ているとし、この磁気の線を磁力線という。磁力線があり、磁気の力が作用する空間を磁界という。

磁界の強さの単位には、アンペア毎メートル〔A/m〕が用いられる。1 A/m は、磁界中におかれた 1 Wb の磁極に 1 N の力が働く磁界の強さである。

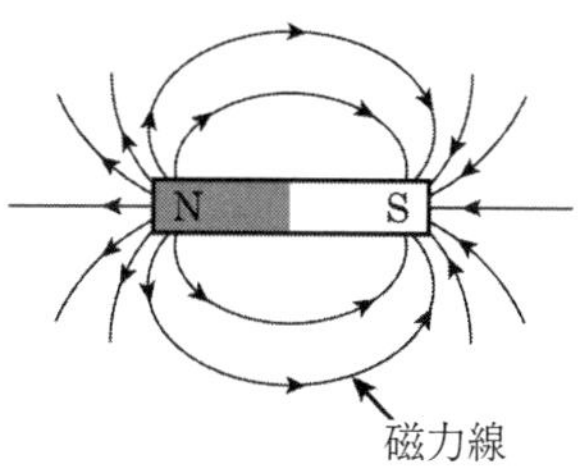

図 9.1.1　磁力線

9.1.2　電流による磁界

(1)　右ねじの法則

磁界は電流によっても生じる。いま、図 9.1.2 において、→方向の電流が流れると、電流方向に対して右回りの磁界が生じる。つまり、ねじの回る方向に磁力線が生じるので、これをアンペアの右ねじの法則という。

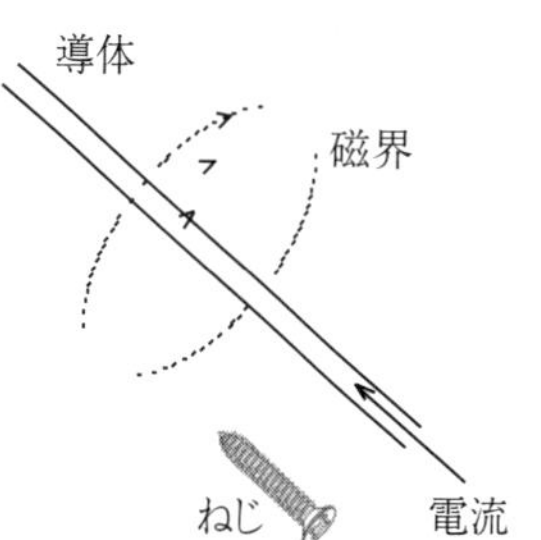

図 9.1.2　右ねじの法則

(2)　コイルによる磁界

鉄心にコイルを巻いて電流を流すと、右ねじの法則により電流に対して右回りの磁界が発生する。

鉄心の両端は、それぞれＮ極、Ｓ極になり電磁石が作られる。この鉄心に生じる磁束は、コイルの巻数と電流の積に比例する。

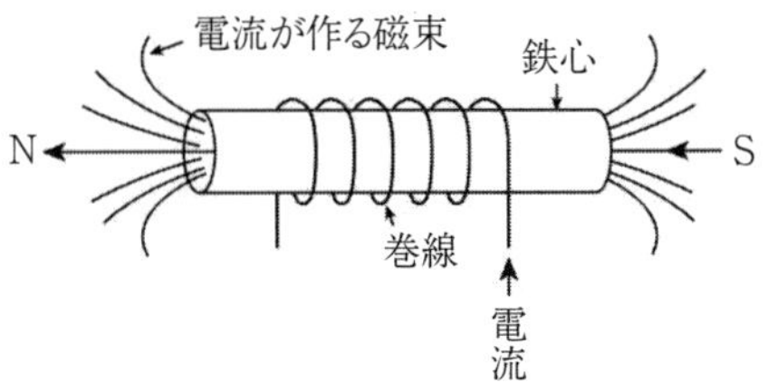

図 9.1.3　電磁石

9.2　電磁力と電磁誘導

9.2.1　電磁力

(1)　電磁力

図 9.2.1 に示すように、(a)のような磁界中で電線に電流を流すと、電線の周囲には(b)に示すような右ねじの方向に同心円形に磁力線が生じる。すると両者の磁力線が合成され、導体の上側では磁束密度が高くなり、下側では反対に打ち消し合って磁束密度は低くなる。このため導体（電線）には磁束密度の低い下方向への力が動く。この力Ｆを電磁力という。

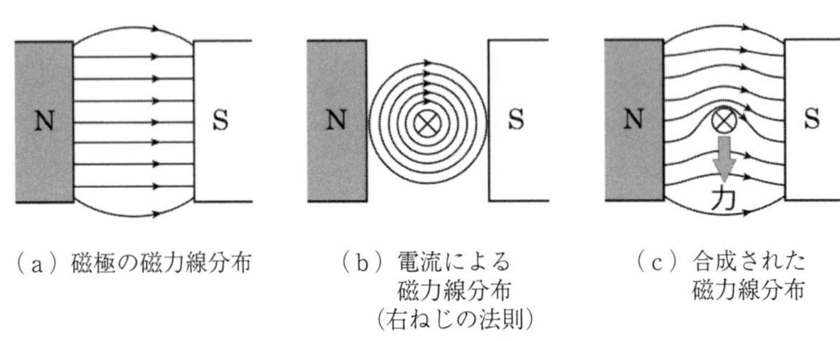

図 9.2.1　磁力線分布と電磁力

(2)　フレミングの左手の法則

図 9.2.2(a)のように、磁界に対して直角方向に電流を流すとき、磁束、電流、導体に働く力の方向の関係は、同図(b)のように、左手の親指・人さし指・中指をお互いに直角になるように開き、人さし指を磁束の方向に、中指を電流の方向に向けると、親指の方向が導体の運動方向（電磁力の方向）となる。これをフレミングの左手の法則という。

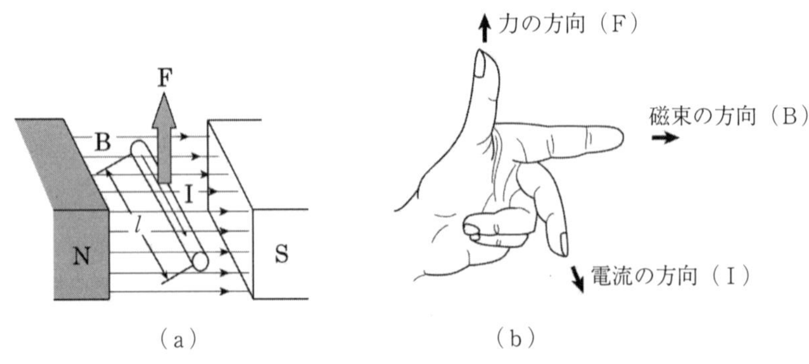

図 9.2.2　電磁力とフレミングの左手の法則

(3) 電磁力の大きさ

図9.2.2(a)のように、磁束密度B〔Wb/m²〕の磁界中に、磁界の向きと直角に長さl〔m〕の導体を置き、これに電流I〔A〕を流したとき、導体に働く電磁力F〔N〕は、次式で表される。

電磁力F〔N〕＝磁束密度B〔Wb/m²〕×電流I〔A〕×導体の長さl〔m〕

上式より、電磁力の大きさは磁束密度と電流の積に比例することがわかる。

9.2.2 電磁誘導

(1) ファラデーの電磁誘導の法則

コイルを貫く磁束が変化することによって、起電力を誘導する現象を電磁誘導といい、それによって生じる起電力を誘導起電力、電流を誘導電流という。

電磁誘導によって回路に誘導される起電力は、その回路と鎖交する磁束の変化する割合に比例する。これを電磁誘導に関するファラデーの法則という。

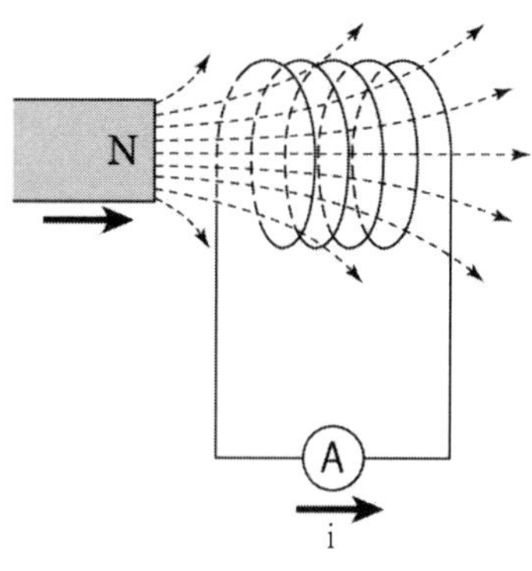

図9.2.3 電磁誘導

(2) レンツの法則

誘導起電力の方向は、その起電力によって流れる電流のつくる磁束が、常にもとの磁束の変化を妨げるような方向（図9.2.4において磁束が増加するとき、ϕ'の方向は磁束を増加させまいとする方向すなわちϕと反対方向(a)、磁束が減少するときは減少させまいとする磁束ϕと同方向(b)）である。これをレンツの法則という。

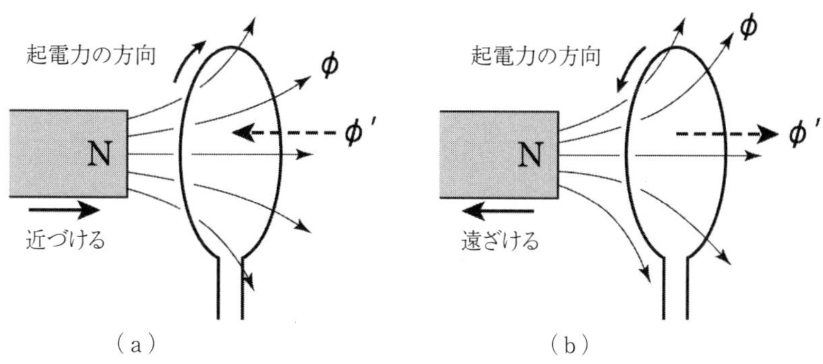

図9.2.4 誘導起電力の方向

(3) 誘導起電力の大きさ

ファラデーの電磁誘導の法則で、起電力の大きさはコイルを貫く磁束の変化する速さに比例する。1巻きのコイル中の磁束が1秒間に1Wb変化するとき、1Vの起電力を誘導する。

また、レンツの法則から誘導起電力の方向は磁束の増減を打ち消す方向に働くので、マイナス符号をつける。

したがって、1巻きのコイル中の磁束が1秒間に10 Wbだけ増したとすると、誘導起電力の大きさeは、

$$e = 1\text{秒間につき変化する磁束の変化量}（\Delta\phi / \Delta t）= 10/1 = 10 \quad〔V〕$$

したがってコイルの巻数がN巻きのときは、

$$e = -N \cdot \frac{\Delta\phi}{\Delta t} \quad〔V〕$$

となる。

(4)　フレミングの右手の法則

磁界中で導体を動かして、導体が磁束を切るようにした場合も起電力が生じる。この場合の誘導起電力の大きさをファラデーの電磁誘導の法則より求めると、次のようになる。磁束密度B〔Wb/m^2〕の均一な磁界中を磁束と直角に置かれた有効長さl〔m〕の1本の導体がv〔m/s〕の速度で磁束を切るときの誘導起電力をeとすると、その大きさは次式で示される。

$$e = B \cdot l \cdot v \quad〔V〕$$

誘導起電力と磁束、導体が動く方向の関係はレンツの法則からも求められるが、簡単に知るには、図9.2.5のように、右手の親指・人さし指・中指を互いに直角に開き、人さし指で磁束の方向、親指で導体の運動方向を指さすと、中指の方向が誘導起電力の方向になる。これをフレミングの右手の法則という。

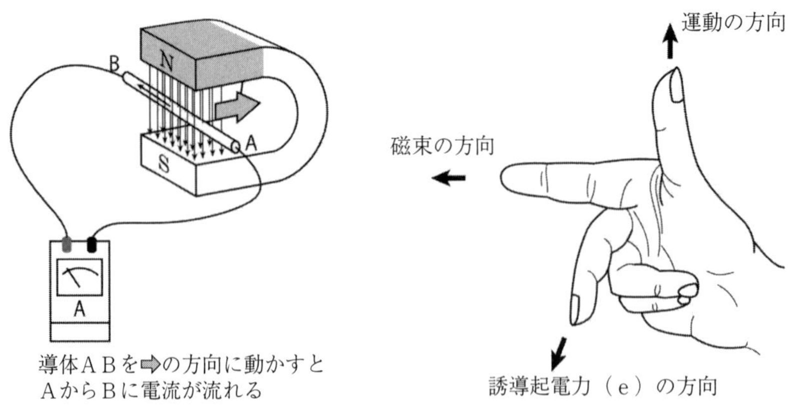

図9.2.5　フレミングの右手の法則

9.3　交流

9.3.1　単相交流の発生

図9.3.1は交流発電機の原理図である。図に示すような磁界中にABCDなるコイルをある回転速度で回転すれば、前述のとおり誘導起電力がコイル中に発生し、負荷Lに電流が流れる。

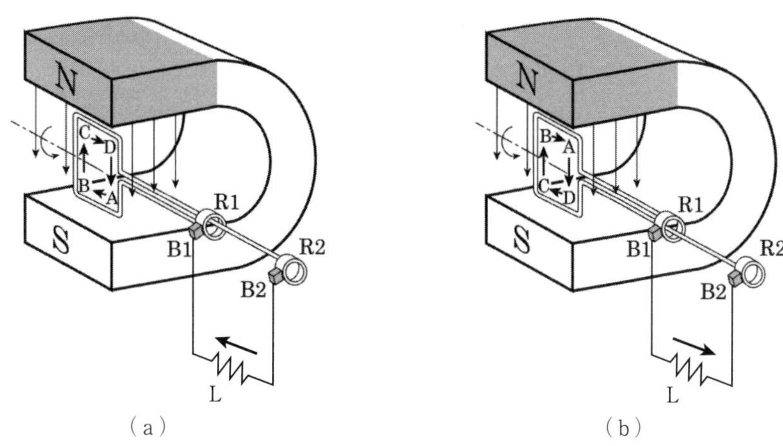

図 9.3.1 交流発電機の原理

図中(a)において、電流の方向は ABCD − R_2 − B_2 − L − B_1 − R_1 − AB となる。このコイルが 180°回転すれば、電流の流れ方向は逆になり、図(b)のように、
DCBA − R_1 − B_1 − L − B_2 − R_2 − DC となる。

ここで、R_1 及び R_2 の環をスリップリング（集電環）といい、B_1 及び B_2 をブラシ（刷子）という。

図 9.3.2(a)は DCBA コイル（図 9.3.1(b)参照）が磁界中の磁力線を切っている状態を示し、そのために誘導される起電力の変化の状態を 図中(b)に曲線として示している。

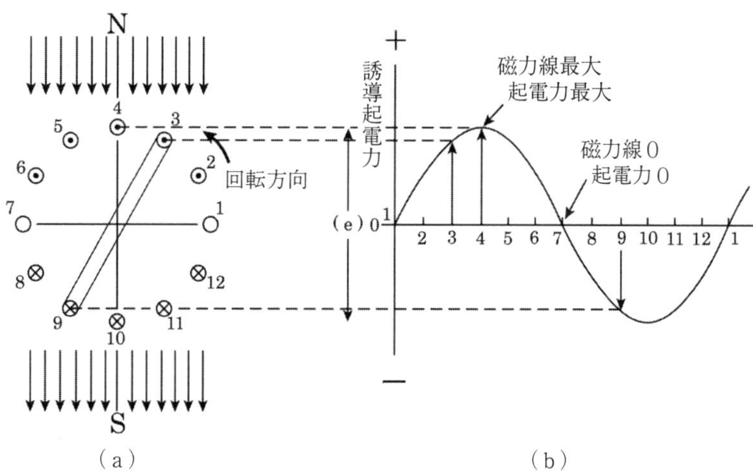

図 9.3.2 誘導起電力の変化

9.3.2 単相交流回路の計算

(1) 抵抗のみの回路

図 9.3.3(a)において、抵抗 R〔Ω〕のみの回路に交流電圧

$$v = \sqrt{2} \cdot V \cdot \sin \omega t \qquad 〔V〕$$

を加えると、オームの 法則によって流れる電流の瞬時値 i〔A〕は次の式で表される。

$$i = v/R = \sqrt{2} \cdot \frac{V}{R} \cdot \sin \omega t \qquad 〔A〕$$

v〔V〕: 実効値，$\sqrt{2} \cdot V$〔V〕: 最大値

この電流 i をベクトルで示せば、同図(b)のように、$\dot{I}$ と $\dot{V}$ とは同位相であって、直流回路の場合と同様である。よって、実効値の I と V との関係は次図のようになる。

実際には、このような回路は電熱器や白熱電球のみの回路に適用される。

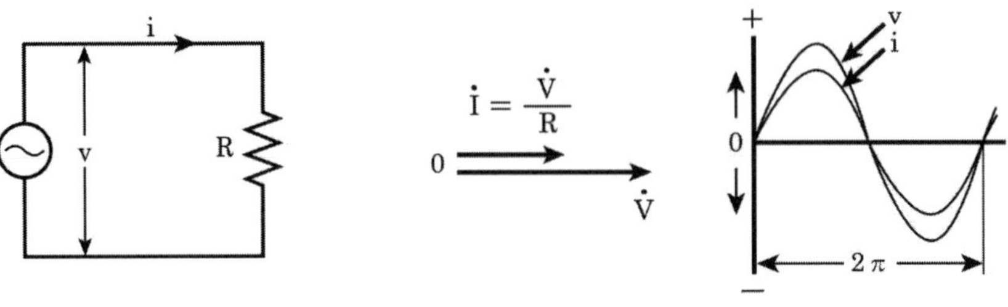

（a）抵抗回路　　（b）実効値の関係

図 9.3.3　抵抗のみの回路

(2)　自己インダクタンスのみの回路

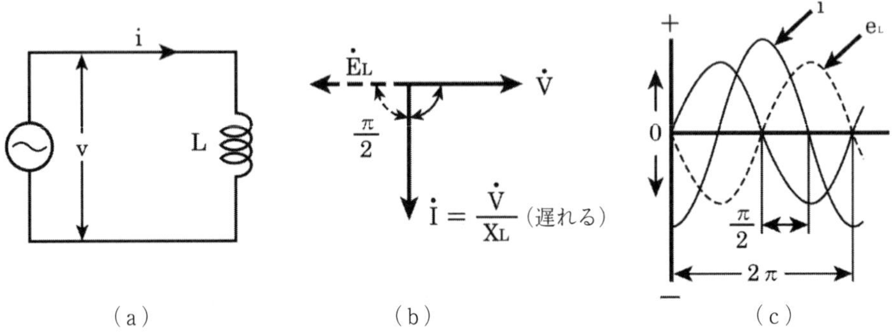

（a）　（b）　（c）

図 9.3.4　インダクタンスのみの回路

図 9.3.4(a)のように、自己インダクタンス(L)を接続した回路に交流電流

$$i = \sqrt{2} \cdot I \cdot \sin \omega t \qquad 〔A〕$$

を流せば、L を貫く磁束が絶えず変化し、レンツの法則に従って電流の変化を妨げようとする自己誘導作用が起こる。この誘導起電力を逆起電力という。

この逆起電力 e_L〔V〕は i よりも位相が π /2〔rad〕遅れていて、その実効値を E_L〔V〕とすれば、

$$e_L = \sqrt{2} \cdot \sin\left(\omega t - \frac{\pi}{2}\right) \qquad 〔V〕$$

となる。ところが、この回路に電流 i を流すためには、e_L を打ち消すだけの電圧 v を加える必

要があるので、

$$v = \sqrt{2} \cdot V \cdot \sin\left(\omega t + \frac{\pi}{2}\right) \quad \text{〔V〕}$$

となる。したがって、電圧 v の位相は e_L よりも π〔rad〕すなわち i よりも $\pi/2$〔rad〕進む必要がある。つまり、電流 i は図 9.3.4(c)に示したように、電圧 v より $\pi/2 =$（90°）だけ位相が遅れることになる。

周波数を f〔Hz〕とすれば、実効値電流 I と電圧 V の間には次の関係がある。

$$V = 2\pi \cdot f \cdot L \cdot I = \omega \cdot L \cdot I$$

故に、 $I = \dfrac{V}{2\pi \cdot f \cdot L} = \dfrac{V}{\omega L} = \dfrac{V}{X_L}$ （ただし、$X_L = 2\pi \cdot f \cdot L = \omega L$）

X_L は交流を妨げる性質があり、誘導リアクタンスという。単位はΩを用いる。

(3) 抵抗と自己リアクタンスの回路

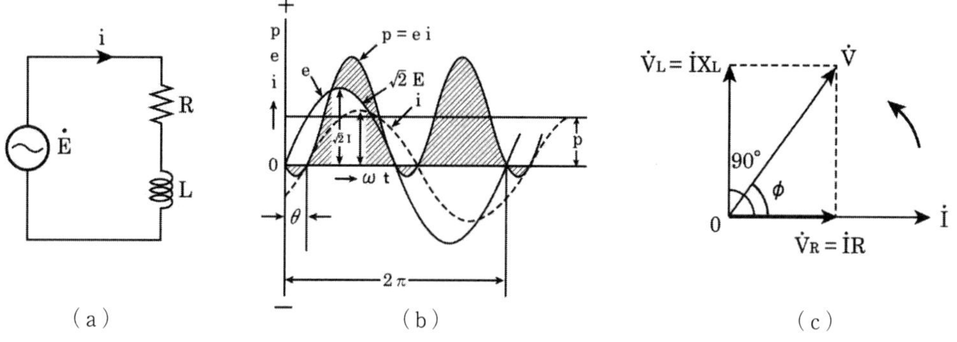

図 9.3.5 抵抗とリアクタンスの回路

図 9.3.5 に示す抵抗 R と誘導リアクタンス $X_L = 2\pi \cdot f \cdot L$ を直列に接続した回路に電圧 V を加えると、各部の電圧は次のようになる。

$$V_R = I \cdot R \qquad V_L = I \cdot X_L \qquad \text{（V, I は実効値を示す）}$$

V_R と I の位相が等しいのに対して、V_L は I に対して 90° 位相が進んでいるので、I を基準として図示すると、図中(c)のとおりとなる。

このときの電圧 V の実効値は次式で表すことができ、

$$V^2 = V_R{}^2 + V_L{}^2 = (I \cdot R)^2 + (I \cdot X_L)^2 = I^2 (R^2 + X_L{}^2)$$

$$V = I \cdot \sqrt{R_2 + X_L{}^2} = Z \cdot I$$

$$Z = \sqrt{R_2 + X_L{}^2}$$

となる。この Z を交流回路における合成抵抗と考え、インピーダンスと呼ぶ。

9.3.3　単相交流回路の電力

(1)　交流電力

交流回路に加えた電圧の瞬時値をe〔V〕、その回路に流れる電流の瞬時値をi〔A〕とすれば、瞬時電力p〔W〕は、直流の場合と同じく電圧eと電流iの積で表され、

$$p = e \cdot i \ [W]$$

になる。したがって、図9.3.6のように、各瞬時電力を図に描くと、P曲線のようになる。

交流の電力は、このように周期的に変化するから、1周期間の平均電力で交流電力の大きさを表す。この平均電力の大きさは次式で表される。

$$P = E \cdot I \cdot \cos\phi \cdot\cdot\cdot\cdot (1)$$

すなわち交流回路の電力は、電圧と電流の実効値E, Iに、電圧と電流の位相角ϕのcosを乗じたものである。単位にワット〔W〕又はキロワット〔kW〕を用いる。また、電圧及び電流の実効値の相乗積E・Iを皮相電力といい、その単位にはボルトアンペア〔VA〕又はキロボルトアンペア〔kVA〕を用いる。

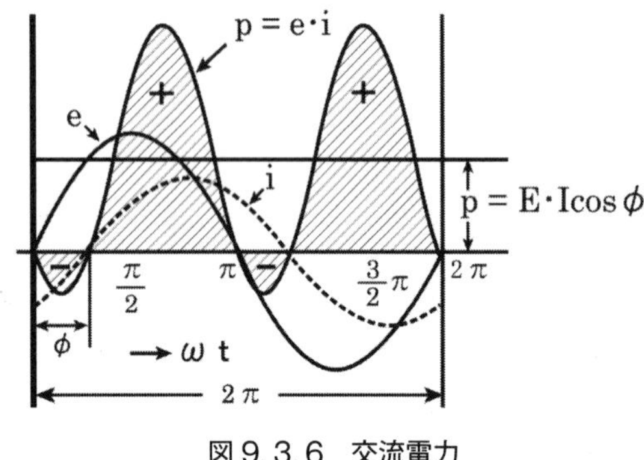

図9.3.6　交流電力

電力Pの皮相電力E・Iに対する比を力率という。力率は小数又はパーセント〔%〕で表される。

したがって力率は、

$$力率 = \frac{P}{E \cdot I} = \frac{E \cdot I \cdot \cos\phi}{E \cdot I} = \cos\phi$$

で表され、この式の$\cos\phi$を負荷の力率、またはϕを力率角という。

E・Iが一定でも力率角ϕが変われば電力は変化するから(1)式の交流電力は次にように表される。

交流電力（P）＝電圧（E）× 電流（I）× 力率（$\cos\phi$）
＝皮相電力（E・I）× 力率（$\cos\phi$）

(2)　有効電力

有効電力P_Wとは、電圧Eと電流の有効分$I \cdot \cos\phi$との積、または、電流のIと電力の有効分$E \cdot \cos\phi$との積、つまり、$P_W = E \cdot I \cdot \cos\phi$をいう。したがって、有効電力とは交流電力のことである。

⑶ 無効電力

無効電力 P_r とは、電圧 E と電流の無効分 I・sin ϕ との積、または、電流の I と電圧の無効分 E・sin ϕ との積、すなわち、P_r = E・I・sin ϕ をいう。

9.3.4 三相交流回路の電力

⑴ 三相交流の発生

図 9.3.7⒜に示すような平行磁界中に等しいコイルを等角度（120°）に配置して回転させると、120°の位相差がある正弦波の交流が発生する。図中⒝に各相の電圧波形を示す。

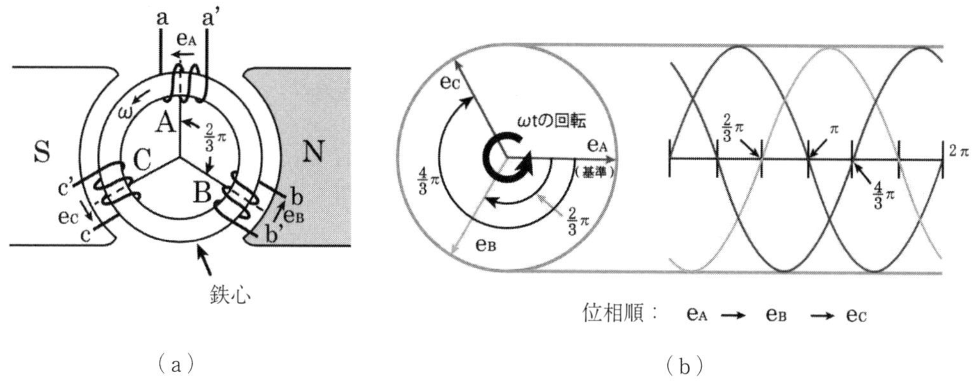

（a）　（b）

図 9.3.7 三相交流電力

⑵ 三相交流の電圧及び電流

三相交流において、巻線を図 9.3.8⒜のように接続したものを Y 結線、⒝のように接続したものを Δ 結線という。

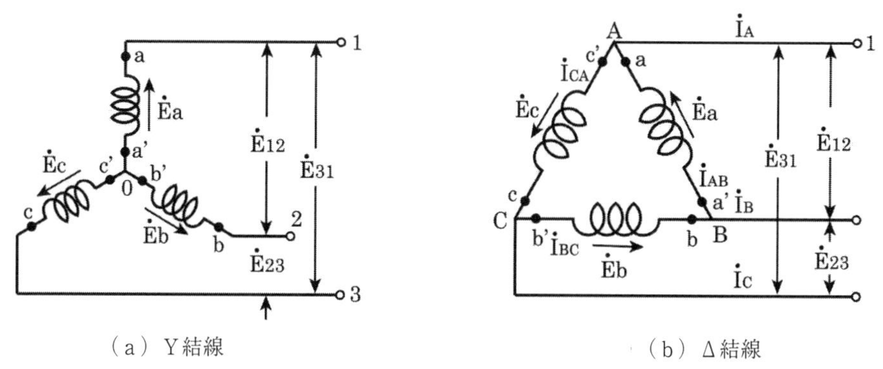

（a）Y 結線　（b）Δ 結線

図 9.3.8 三相交流の結線図

ここで、$\dot{E}_{12}$, $\dot{E}_{23}$, $\dot{E}_{31}$ を線間電圧、$\dot{E}_a$, $\dot{E}_b$, $\dot{E}_c$ を相電圧という。また、$\dot{I}_A$, $\dot{I}_B$, $\dot{I}_C$ を線電流、$\dot{I}_{AB}$, $\dot{I}_{BC}$, $\dot{I}_{CA}$ を相電流という。つまり Y 結線において、線電流＝相電流、Δ 結線において、線間電圧＝相電圧である。

三相交流において、単に電圧、電流という場合は、それぞれ線間電圧、線電流を意味する。

図 9.3.9⒜には、Y 結線における相電圧と線間電圧の関係を、⒝には Δ 結線における相電流

と線電流の関係をそれぞれベクトル図に示した。

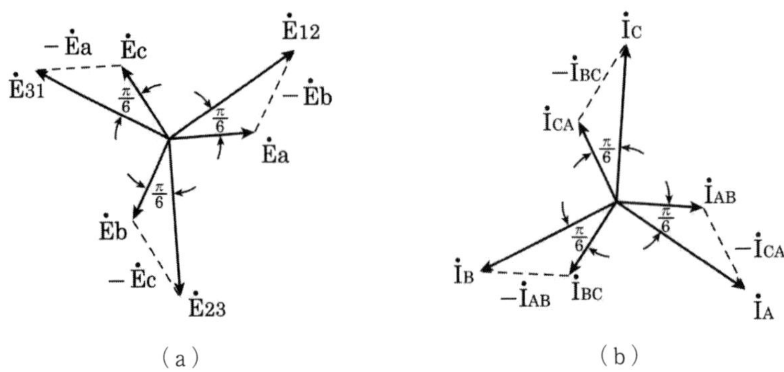

図 9.3.9　三相交流回路のベクトル図

Y 結線では、

$$\dot{E}_{12} = \dot{E}_a - \dot{E}_b,\ \dot{E}_{23} = \dot{E}_b - \dot{E}_c,\ \dot{E}_{31} = \dot{E}_c - \dot{E}_a$$

ベクトル図から線間電圧と相電圧の関係は、

$$\dot{E}_{12} = \sqrt{3} \cdot \dot{E}_a,\ \dot{E}_{23} = \sqrt{3} \cdot \dot{E}_b,\ \dot{E}_{31} = \sqrt{3} \cdot \dot{E}_c$$

となる。

よって、一般的に Y 結線の線間電圧と相電圧の関係は、

$$E_l\ (\text{線間電圧}) = \sqrt{3} \times E_p\ (\text{相電圧})$$

となり、線電圧の位相は相電圧より π /2(rad) 進んだ三相電圧となる。

一方、Δ結線の線電流と相電流の関係は、

$$\dot{I}_A = \dot{I}_{AB} - \dot{I}_{CA},\ \dot{I}_B = \dot{I}_{BC} - \dot{I}_{AB},\ \dot{I}_C = \dot{I}_{CA} - \dot{I}_{BC}$$

から、

$$I_l\ (\text{線間電流}) = \sqrt{3} \times I_p\ (\text{相電流})$$

相電流は線間電流より π /2(rad) 位相が遅れる。

(3)　三相交流の回路の電力

Y 結線では、三相電力 P〔W〕は各相の電力の和であり、各相電圧を E_p〔V〕、各相電流を I_p〔A〕、位相角を ϕ〔rad〕とすると、

$$P = 3\,E_p \cdot I_p \cdot \cos\phi = 3\frac{E_l}{\sqrt{3}} \cdot I_l / \cdot \cos\phi = \sqrt{3} \cdot E_l \cdot I_l \cdot \cos\phi$$

となる。

一方、Δ結線でも、

$$P = 3E_p \cdot I_p \cdot \cos\phi = 3E_l \cdot \frac{I_l}{\sqrt{3}} \cdot \cos\phi = \sqrt{3}E_l \cdot I_l \cdot \cos\phi$$

となり、Y結線およびΔ結線いずれも電力を求める式は、

$$P = \sqrt{3} \times E \times I \times \cos\phi$$

である。

参考文献

・新訂金属材料の基礎　成山堂書店
・エンジニアのための熱力学　成山堂書店
・絵とき　熱力学のやさしい知識　オーム社
・図解　熱力学の学び方（第２版）　オーム社
・内燃機関講義（上巻）　養賢堂
・舶用ディーゼル機関教範　成山堂書店
・初等ディーゼル機関　成山堂書店
・詳説　舶用蒸気タービン【上巻】【下巻】　成山堂書店
・蒸気タービン要論　成山堂書店
・日本機械学会　蒸気表　日本機械学会
・ガスタービンの基礎と実際　成山堂書店
・舶用ガスタービンと蒸気タービン　成山堂書店
・船用プロペラと軸系　成山堂書店
・船舶の軸系とプロペラ　成山堂書店
・概説　軸系とプロペラ　海文堂出版
・新訂舶用補機の基礎　成山堂書店
・新訂　船用補機　海文堂出版
・上級　冷凍技術テキスト【前編】【後編】　社団法人日本冷凍協会
・初級　冷凍空調技術　社団法人日本冷凍空調学会
・冷凍及び空気調和　養賢堂
・舶用機関システム管理　成山堂書店
・機関学概論　成山堂書店
・機械　オーム社
・図説　やさしい船用電気　海文堂出版
・舶用電機の理論と実際　成山堂書店
・機関教本Ⅰ　財団法人日本船舶職員養成協会
・機関教本Ⅱ　財団法人日本船舶職員養成協会
・機関教本Ⅲ　財団法人日本船舶職員養成協会
・船用機関Ⅰ　独立行政法人海技教育機構教科書
・船用機関Ⅱ　独立行政法人海技教育機構教科書
・Basic Elements for Marine Engines　海文堂出版
・POUNDER'S MARINE DIESEL ENGINES AND GAS TURBINES　ELSEVIER
・MODERN MARINE ENGINEERING MANUAL VOLUME Ⅰ　CORNELL MARITIME PRESS
・MODERN MARINE ENGINEERING MANUAL VOLUME Ⅱ　CORNELL MARITIME PRESS

索　引

ま

や

ら，わ

■航海訓練所シリーズ■
読んでわかる 機関基礎 2訂版
定価はカバーに表示してあります。

2013年 3 月28日 初版発行
2018年12月 8 日 改訂初版発行
2023年 5 月18日 2訂初版発行

編著者 独立行政法人 海技教育機構
発行者 小 川 典 子
印 刷 亜細亜印刷株式会社
製 本 東京美術紙工協業組合

発行所 株式会社 成山堂書店
〒160-0012 東京都新宿区南元町 4 番51 成山堂ビル
TEL：03（3357）5861 FAX：03（3357）5867
URL https://www.seizando.co.jp
落丁・乱丁本はお取り換えいたしますので，小社営業チーム宛にお送りください。

ISBN978-4-425-41443-7

❖航　海❖

書名	著者	定価
航海学（上）（6訂版）（下）（5訂版）	辻・航海学研究会著	4,000円 4,000円
航海学概論（改訂版）	鳥羽商船高専ナビゲーション技術研究会編	3,200円
航海応用力学の基礎（3訂版）	和田著	3,800円
実践航海術	関根監修	3,800円
海事一般がわかる本（改訂版）	山崎著	3,000円
天文航法のABC	廣野著	3,000円
平成27年練習用天測暦	航技研編	1,500円
新訂 初心者のための海図教室	吉野著	2,300円
四・五・六級航海読本（2訂版）	及川著	3,600円
四・五・六級運用読本	藤井・野間共著	3,600円
船舶運用学のABC	和田著	3,400円
魚探とソナーとGPSとレーダーと舶用電子機器の極意（改訂版）	須磨著	2,500円
新版電波航法	今津・榧野共著	2,600円
航海計器シリーズ①基礎航海計器（改訂版）	米沢著	2,400円
航海計器シリーズ②新訂増補 ジャイロコンパスとオートパイロット	前畑著	3,800円
航海計器シリーズ③電波計器（5訂増補版）	西谷著	4,000円
舶用電気・情報基礎論	若林著	3,600円
詳説 航海計器（改訂版）	若林著	4,500円
航海当直用レーダープロッティング用紙	航海技術研究会編著	2,000円
操船通論（8訂版）	本田著	4,400円
操船の理論と実際（増補版）	井上著	4,800円
操船実学	石畑著	5,000円
曳船とその使用法（2訂版）	山縣著	2,400円
船舶通信の基礎知識（3訂増補版）	鈴木著	3,000円
旗と船舶通信（6訂版）	三谷・古藤共著	2,400円
大きな図で見るやさしい実用ロープ・ワーク（改訂版）	山﨑著	2,400円
ロープの扱い方・結び方	堀越・橋本共著	800円
How to ロープ・ワーク	及川・石井・亀田共著	1,000円

❖機　関❖

書名	著者	定価
機関科一・二・三級執務一般	細井・佐藤・須藤共著	3,600円
機関科四・五級執務一般（3訂版）	海教研編	1,800円
機関学概論（改訂版）	大島商船高専マリンエンジニア育成会編	2,600円
機関計算問題の解き方	大西著	5,000円
機関算法のABC	折目・升田共著	2,800円
舶用機関システム管理	中井著	3,500円
初等ディーゼル機関（改訂増補版）	黒沢著	3,400円
舶用ディーゼル機関教範	長谷川著	3,800円
舶用ディーゼルエンジン	ヤンマー編著	2,600円
舶用エンジンの保守と整備（5訂版）	藤田著	2,400円
小形船エンジン読本（3訂版）	藤田著	2,400円
初心者のためのエンジン教室	山田著	1,800円
蒸気タービン要論	角田著	3,600円
詳説舶用蒸気タービン（上）（下）	古川・杉田共著	9,000円 9,000円
なるほど納得！パワーエンジニアリング（基礎編）（応用編）	杉田著	3,200円 4,500円
ガスタービンの基礎と実際（3訂版）	三輪著	3,000円
制御装置の基礎（3訂版）	平野著	3,800円
ここからはじめる制御工学	伊藤監修・章著	2,600円
舶用補機の基礎（増補9訂版）	重川・島田共著	5,400円
舶用ボイラの基礎（6訂版）	西野・角田共著	5,600円
船舶の軸系とプロペラ	石原著	3,000円
新訂金属材料の基礎	長崎著	3,800円
金属材料の腐食と防食の基礎	世利著	2,800円
わかりやすい材料学の基礎	菱田著	2,800円
エンジニアのための熱力学	刑部監修 角田・川原共著	3,400円
Case Studies: Ship Engine Trouble	NYK LINE Safety & Environmental Management Group	3,000円

■航海訓練所シリーズ（海技教育機構編著）

書名	定価
帆船　日本丸・海王丸を知る（改訂版）	2,400円
読んでわかる　三級航海　航海編（改訂版）	4,000円
読んでわかる　三級航海　運用編（改訂版）	3,500円
読んでわかる　機関基礎（改訂版）	1,800円